天然气净化厂 HAZOP分析指南

中国石油天然气集团公司安全环保与节能部　编

石油工業出版社

内 容 提 要

本书针对天然气净化厂主要风险，讲述了HAZOP分析的应用，主要内容包括HAZOP分析方法、实施过程、主持人技巧及天然气净化厂各工艺单元HAZOP分析重点，并提供了新建及在役典型天然气净化厂HAZOP分析案例。本书内容丰富，实用性强，可作为石油天然气行业HSE管理人员、相关技术人员参考用书。

图书在版编目（CIP）数据

天然气净化厂HAZOP分析指南/中国石油天然气集团公司安全环保与节能部编 .—北京：石油工业出版社，2013.9
（中国石油HSE管理丛书）
ISBN 978-7-5021-9720-9

Ⅰ. 天…
Ⅱ. 中…
Ⅲ. 天然气净化-石油化工设备-风险分析
Ⅳ. ①TE665.3②TE96

中国版本图书馆CIP数据核字（2013）第185376号

出版发行：石油工业出版社
（北京安定门外安华里2区1号　100011）
网　址：http：//pip. cnpc. com. cn
编辑部：（010）64255590　发行部：（010）64523620
经　销：全国新华书店
印　刷：北京中石油彩色印刷有限责任公司

2013年9月第1版　2013年9月第1次印刷
787×1092毫米　开本：1/16　印张：9.25
字数：232千字

定价：30.00元
（如出现印装质量问题，我社发行部负责调换）

前　　言

天然气以其高效、洁净、方便等优势在整个能源结构中逐步进入鼎盛时期，开发和利用天然气是当今世界能源发展的潮流。自20世纪90年代以来，我国天然气勘探不断获得重大突破，发现了一大批大中型气田，储量产量快速增长，展现了我国天然气工业广阔的发展前景。我国天然气资源丰富，可采资源量为$9.3\times10^{12}m^3$，远景可采资源总量达$15\times10^{12}m^3$。天然气在我国能源结构中的地位持续上升，预计到2015年将达到10%以上。

随着我国天然气工业蓬勃发展，酸性天然气勘探开发越来越多，我国需要净化处理的酸性天然气占总产量的40%以上。因此，为了将合格的商品天然气输送给用户，净化处理已成为天然气工业生产的一个重要环节。据统计，目前中国石油天然气集团公司（以下简称中国石油）共有大型天然气净化装置50余套，年处理天然气近$400\times10^8m^3$。其中单套净化装置最大规模为$600\times10^4m^3/d$。天然气净化装置将来自井口的含H_2S（最高可达17%），同时含有CO_2、凝液、气田水等杂质的原料天然气，净化成比较纯净的燃料或原料输往用户。天然气作为一种主要的清洁能源改变或提高了我们的生活质量，天然气净化装置肩负着不可或缺的作用。

危险与可操作性分析（Hazard and Operability Analysis，HAZOP）作为一种风险分析评价技术，自20世纪70年代由英国帝国化学工业有限公司（ICI）开发建立以来，已得到越来越广泛的应用。HAZOP分析是以一系列的引导词和假定偏差为起点，追本溯源分析产生偏差的所有原因、危害后果，提出消除这些危害的建议措施，是一套行之有效的系统分析方法。它主要针对连续的化学工艺生产过程，早期应用于除草剂生产工艺，此后在医药化工行业、船舶制造业，以及石油化工行业推广应用。在世界范围内，HAZOP分析已经被石油化工和工程建设公司视为确保设计和运行完整性的标准设计评价分析手段，如壳牌、埃克森美孚、BP等国际石油巨头对此都给予了高度的重视。很多国家已将石油化工项目应用HAZOP分析作为防止重大事故计划的一个重要部分。

由于天然气净化处理过程存在高温、高压、易燃易爆、有毒气体扩散，以及其他诸如H_2S应力腐蚀开裂、水合物堵塞、低温冷脆等危险工况，因此如何保证天然气净化厂从设计、建设、投产到长期安全有效运行，已成为各级管理部门关心的重点。为防止重大事故发生或减轻事故危害程度，在项目实施过程中引入 HAZOP 分析，对整个工艺流程或重要单元进行风险分析、找出缺陷，并根据分析结果确定防范事故和削减风险的措施，使装置不断完善、生产过程运行更加安全是十分必要的。中国石油近年来正加快引入 HAZOP 分析技术，并有序推广应用。

为了规范 HAZOP 分析工作，加强工艺安全管理，提高本质安全水平，中国石油天然气股份有限公司于 2010 年 12 月 24 日以油安（2010）866 号文发布了《危险与可操作性分析工作管理规定》，该规定要求新、改、扩建项目在设计阶段必须进行 HAZOP 分析；对于初步设计阶段未进行 HAZOP 分析工作的项目，不得进行初步设计审查；在役装置的 HAZOP 分析原则上每 5 年进行一次，装置发生与工艺有关的较大事故后应及时开展 HAZOP 分析；装置进行工艺变更之前，企业应根据实际情况开展 HAZOP 分析。同时，该规定明确要求 HAZOP 分析工作应以企业自主开展为主，内部技术机构支持为辅，鼓励全员参与。

本书内容丰富，理论性、知识性、实用性较强，可以为天然气净化装置开展 HAZOP 分析提供参考，是广大石油天然气行业相关人员学习和掌握 HAZOP 分析过程及方法的实用教材，相信一定会对天然气净化厂的风险控制起到积极作用。

本书由中国石油西南油气田公司天然气研究院负责编写。在编写过程中，得到了中国石油西南油气田公司、中国石油安全环保与技术研究院等单位的大力支持，得到了系统内外许多专家提出的宝贵建议，在此一并表示感谢！

由于 HAZOP 分析涉及的知识及学科较宽，加上天然气净化新工艺、新技术不断出现，发展迅速，需要在实践中不断地总结、完善和提高。由于编者水平所限，书中难免有疏漏之处，恳请广大读者批评指正。

编　者

2013 年 4 月

目　　录

第一章　HAZOP 分析概述

第一节　HAZOP 分析的产生与发展

一、HAZOP 分析的产生

20 世纪 60 年代，随着流程工业逐步大型化、复杂化，以及越来越多的有毒和易燃易爆化学品的使用，使得事故的规模变得越来越难以承受。先前人们那种从事故中汲取经验教训的方法已难以满足对安全生产的需求。随着历史上一些重大事故的发生，一个基本问题摆在了人们面前：如何预知将要发生什么，对工艺流程是否正确理解，如何使流程设计易于管理。人们急需一种系统化、结构化的分析方法，以能够在设计阶段便对将来潜在的危险有一个预先的认知，同时也需要设计上能够更多地容忍操作人员不正当的操作情况出现。

英国帝国化学工业有限公司（ICI）开发了危险与可操作性分析（HAZOP）技术，HAZOP 分析是一种系统化和结构化的定性风险评价手段，主要用于设计阶段确定工程设计中存在的危险及操作问题。HAZOP 分析是一种使用引导词（guide words）为中心的分析方法，以审查设计的安全性以及危害的因果关系。此方法在化学工业过程中得到广泛应用始于英格兰 Flixborough 灾难，这是发生在 1974 年 6 月 1 日下午的一起爆炸事故，一套环己烷氧化装置发生泄漏，泄漏物料形成的蒸气云发生爆炸，导致工厂内 28 人死亡、36 人受伤，周围社区也有数百人受伤。爆炸摧毁了工厂的控制室及临近的工艺设施。事后调查表明，这起灾难性的事故是由于工艺系统的临时变更所引起的。由于工厂缺乏管理工艺系统变更的制度，没有对发生变更的工艺系统进行适当的审查，也没有人监督和批准相关的变更。变更管理制度的缺失，使得未经审查的变更顺利地通过设计、安装和投产。参与变更任务的人员缺乏培训和足够的经验，他们没有认识到这种对工艺系统的改变可能造成的严重后果。

本次事故曾引起广泛的社会关注，也间接催生了欧洲的工艺安全法规，即 Seveso 指令。著名的工艺安全专家 Trevor Kletz 对应该吸取的教训进行过较全面的总结：

（1）爆炸事故表明，工厂需要建立一套管理系统来控制工艺设施的变更，包括临时变更。

（2）对工艺设施进行变更前，需要由有经验的人进行系统的危害分析，确认变更是否符合原来的设计标准、是否会产生不良的后果。

（3）尽量减少物料在工艺系统中的存量。在本次事故的装置中，包含有 400t 环己烷，事故发生时，泄漏了约 40t。根据本质安全的策略，预防着火、爆炸和有毒物泄漏事故的最好办法是减少这些危险物料的储存量或它们在工艺系统中的滞留量。

（4）在本次事故中，工厂的控制室被摧毁，导致大量人员伤亡，因此在工厂布置和控制室设计时，需要充分考虑如何在事故发生时保护操作人员，以减少伤亡。

（5）公司需要聘用有经验的工程师，并且建立适当的机制发挥他们的专长，为事故预防提供充分的技术支持。

在上述背景下，英国帝国化学工业有限公司于1974年正式发布了HAZOP分析技术。其后通过英国帝国化学工业有限公司和英国化学工业协会（CIA）的大力推广，此分析方法逐渐由欧洲传播至北美、日本及沙特阿拉伯等国家。很多国际大型公司和机构都根据自身企业特点制定了相应程序，英美等国还将HAZOP分析列为强制性国家标准，强制相关企业遵守。

二、HAZOP分析的发展

目前，HAZOP分析已成为HSE管理体系推进工作中运用的重要方法，也是工艺安全管理的重要手段。对于企业来说，遵照国际标准采用科学严谨的方法对正在设计、施工和在役的生产装置进行安全评价，已经成为安全管理的一项日常工作。

自从英国帝国化学工业有限公司发布HAZOP分析技术以来，HAZOP分析已经得到越来越广泛的应用。在世界范围内，HAZOP分析已经被石油化工公司和工程建设公司视为确保设计和运行完整性的标准设计惯例。很多国家要求将石油化学工业的HAZOP分析作为防止重大事故计划的重要部分。

英国石化有限公司制定的《健康、安全和环境标准与程序》明确规定，在设计阶段必须进行设计方案的HAZOP分析。德国拜耳公司1997年制定《过程与工厂安全指导》，要求其所属工厂必须进行HAZOP分析并形成安全评估报告。美国职业安全与健康管理局（OSHA）为规范高度危险化学品的安全管理，于1992年编制了《高度危险化学品的过程安全管理》(1992－29CFR1910.119)，提出了过程安全管理的观念，该法规中建议采用HAZOP分析对石油化工装置进行危险评估。美国职业安全与健康管理局对HAZOP分析的要求：必须对人员进行HAZOP培训，HAZOP分析小组必须有了解工艺和HAZOP分析方法的人员参加，HAZOP分析结果必须由业主发布，HAZOP分析记录必须在装置的生命周期内一直保存；每5年要重新进行一次HAZOP审查。自从《高度危险化学品的过程安全管理》颁布以来，美国大型石化企业已经对在役装置进行了2～3轮的HAZOP分析研究。

2001年，国际电工委员会（IEC）制订了首部HAZOP分析应用标准IEC 61882—2001《危险与可操作性研究（HAZOP研究）应用指南》。该标准得到国际上的广泛认可，并在石油、石化及化工等存在重大危险源的流程工业中广泛应用。

在我国，随着国民经济的高速发展，安全理念的深入人心，HAZOP分析伴随着安全评价的普及正逐步得到推广。国家安全生产监督管理总局《危险化学品建设项目安全评价细则(试行)》(安监总危化〔2007〕255号）中明确要求：对国内首次采用新技术、工艺的建设项目，除选择其他安全评价方法外，尽可能选择危险与可操作性研究法进行。《国务院安全生产委员会办公室关于进一步加强危险化学品安全生产工作的指导意见》（安委办〔2008〕26号）要求：组织有条件的中央企业应用危险与可操作性分析技术（HAZOP)，提高化工生产装置潜在风险的识别能力。

2011年，在对国外工艺安全管理系统进行消化吸收的基础上，我国发布了AQ/T 3034—2010《化工企业工艺安全管理实施导则》，将工艺危害分析列为工艺安全管理的一项关键要素，成为企业过程安全管理体制中必不可少的重要环节。由国家安全生产监督管理总局组织编写，等同采用IEC 61882—2001行业标准的《危险与可操作性应用分析（HAZOP

分析）应用导则》正在报批中。HAZOP分析在国内的大范围推广和应用已经势在必行。

三、HAZOP分析的必要性

当代科学技术进步的一个显著特征是设备、工艺和产品越来越复杂。某些大型石化装置仅控制回路就达到数百路，过程变量达到上万个。生产规模的大型化、元部件关系的复杂化，也使得事故发生几率和危害程度大大增加。目前生产安全已成为重大社会问题，有效进行工艺安全管理（PSM）十分必要。

现代石油化工行业由于其高风险特点，发生火灾、爆炸和有毒物质泄漏事故的风险很大。现代石油化工工艺装置的实际运行经验及国内外石油化工行业多起灾难性事故证明，传统设计技术中的安全措施往往是不够的。

1984年12月4日，美国联合碳化物公司印度有限公司发生震惊世界的异氰酸甲酯毒气泄漏事故，造成至少2000人死亡，20万人受伤。这次事故，是由于储槽中含有水和三氯甲烷，它们发生剧烈反应而引起的，其原因可归结为操作失误、设计欠缺、维修不当及忽视培训等。

2005年3月23日，英国石油公司（BP）美国得克萨斯州炼油厂的异构化装置发生火灾和一系列爆炸事故，15名工人被当场炸死，170余人受伤，在周围工作和居住的许多人成为爆炸产生的浓烟的受害者。同时，这起事故还导致了严重的经济损失，这是过去20年间美国作业场所最严重的灾难之一。事后调查表明，该爆炸着火事故的直接原因是操作工在异构化装置ISOM开车前误操作，造成烃分馏塔液面超出正常控制值。操作工对阀门和液面检查粗心大意，没有及时发现液面超标，加上装置本身设计安全措施不够完善，结果造成液面过高导致分馏塔超压，大量物料进入放空罐，气相组分从放空烟囱溢出后遇火发生爆炸。异构化装置的主管没有通过检查确保操作人员正确的操作程序，而且在事故发生的关键时刻离岗，设备操作人员没有及时拉响疏散警报，这都大大加剧了事故的严重程度。总之，装置本身设计安全措施不够完善，异构化装置主管的失职和值班工人没有遵循书面程序的规定是事故发生的根本原因。

传统设计技术中的安全措施不够完善可能主要有以下几个方面的原因：

（1）现代化装置日益复杂、高度一体化。

（2）设计满足标准规范要求，并不代表设计是最优化，标准规范通常只是最低标准。

（3）传统技术方法容易遗漏设计缺陷：设计小组的注意力可能只集中在单个设备上，对工艺如何作为一个整体发挥其功能强调不够；设计人员通常考虑实现各种工况下的设计意图，但有可能忽视某些可能出现的非正常操作所导致的极端后果或影响。

（4）设计人员的知识和经验有限。

对于设计中的安全问题，根据欧洲重大事故报告系统（MARS，2004）统计数据：80%～95%的设计问题可以通过安全分析来发现和解决；5%～20%的设计中的安全隐患没有被发现，只不过大部分隐患尚未造成事故；事后的补救措施中，39%的设计问题被改进。

综上原因，在设计中有可能对潜在的危险认识不足，因此，设计技术中安全措施考虑得不够，加上生产运行中可能发生诊断错误、操作错误、报警故障、停车系统故障及管理系统失效等情况，工艺事故在世界范围内时有发生。如何避免和减少该类事故的发生几率，对设计及在役阶段工艺装置进行 HAZOP 分析是最为有效和重要的手段之一。

从根本上讲，HAZOP 分析包括对工艺过程进行全面的描述，并对其每一部分进行系统的分析，以探讨什么样的偏离设计意向的偏差会出现。偏差一旦识别出来以后，便需要对这样的偏差和其造成的后果是否对安全生产带来负面影响进行评估。如果认为有必要，便需要采取措施来消除这样的状况。HAZOP 分析是一种设计审查，但与单独作业、没有人员互补的一般设计审查不同，它是一种结构化、系统化和全面化的审查。

第二节　HAZOP 分析的作用及使用

一、HAZOP 分析的作用

HAZOP 分析是一种结构化和系统化的检查技术，它的目标是：识别系统中潜在的危险（这些危险可能包括本质上只与系统现有区域有关的危险和有更大影响范围的危险）识别系统中潜在的操作性问题，特别是操作性干扰的原因和可能导致非一致性产品的生产偏离。

HAZOP 分析的一个重大好处是通过结构化和系统化的方法辨识潜在危险与可操作性问题，获得的结果有助于确定正确的补救措施。通常，HAZOP 分析有以下几方面作用：

(1) 提高设计安全水平的同时，解决可能存在的操作问题；

(2) 是工厂或装置全生命周期内工艺过程安全管理的一部分，为后续的风险控制和工艺安全管理（PSM）提供必要输入；

(3) 使参与 HAZOP 分析的人员有机会充分了解设计意图，以及偏离设计意图可能产生的问题或危险；

(4) HAZOP 分析在完善设计的同时，也可用来编制、完善操作规程，同时为操作培训提供了很好的素材；

(5) HAZOP 分析所研究的状态参数都是操作人员需要控制的参数或指标，针对性强，有助于提高安全操作水平；

(6) 有助于发现在役装置的安全隐患，提供隐患整改、节能减排、优化工艺流程的机会；

(7) 对在役装置进行阶段性的回顾分析，可以发现由于各种微小改动所累积而成的对系统的影响，并尽早地予以控制或消除；

(8) HAZOP 分析的方法易于掌握，其系统的引导词引导方法，既避免了分析漫无边际、遗漏重点，又有助于启发思路、集思广益。

英国帝国化学工业公司监控部门对于工厂是否采用 HAZOP 分析 8 年的统计数据表明：采用 HAZOP 分析的工厂比没有采用的工厂大大减少了装置大、小修；装置从开工至达到设计工艺流程产量的时间缩短了 2/3。

国外的统计数据表明：HAZOP 分析可以减少 29％设计原因的事故和 6％操作原因的事故。

二、HAZOP分析的使用

（一）使用范围

通常，HAZOP分析适用于工艺装置生命周期的各个阶段，是辨识、评估和控制工艺操作危害的有效工具，但更多的是用于工艺装置的设计及在役运行阶段。

1. 项目立项和可研阶段

在此阶段，由于开展HAZOP分析所需的详细设计资料尚未形成，应使用其他较为简单的危害分析方法（如检查表法、如果……怎么样法等）辨识出主要危害，以利于随后进行的HAZOP分析。

2. 设计阶段

在此阶段，形成初步设计、施工图设计，并确定操作方法，编制完成设计文档，设计趋于成熟，基本固定。该阶段是开展HAZOP分析的最佳时机。HAZOP分析完成后，为评估设计变更对系统的影响，应建立设计变更管理办法。值得说明的是，HAZOP分析应该在系统整个生命周期都起作用。

3. 制造、安装和试运行阶段

在此阶段，如果工艺相对复杂或危险性高，对操作的要求较高，试运行存在一定危险，或者在施工图设计后期出现了设计的较大变动时，建议开车前进行一次HAZOP分析。

4. 生产和维护（在役）阶段

在此阶段，对于那些影响系统安全、可操作性或影响环境的变更，应考虑在变更前进行HAZOP分析。同时，应定期对装置进行HAZOP分析。在进行HAZOP分析时，应确保使用最新的设计文档和操作说明。对在役装置进行HAZOP分析时，通常邀请有操作经验和管理经验的现场技术人员参加，会起到较好的效果。

5. 停用和报废阶段

在此阶段，当可能发生正常运行阶段不会出现的危险时，需要进行危险分析。在系统整个生命周期都应保存好分析记录，以确保能迅速解决停用和报废阶段出现的问题。

另外，对于连续生产过程和间歇生产过程都可以采用HAZOP分析。在连续生产过程中，管道内物料工艺参数的变化反映了各单元设备的状况，因此连续生产过程中的分析对象是管道，通过对管道内物料状态及工艺参数产生偏差的分析，查出系统存在的危险，对所有管道进行分析，整个系统存在的危险也就一目了然。在间歇生产过程中，分析的对象不再是管道，而应该是主体设备，如反应器等。根据间歇生产的特点，分成三个阶段（即进料、反应和出料）对反应器进行分析。同时，在这三个阶段内，不仅要按照关键词来确定工艺状态及参数可能产生的偏差，还要考虑操作顺序等因素可能出现的偏差，这样才可以对间歇生产过程做出全面、系统的评估。

（二）使用局限性

HAZOP分析是一种危险辨识技术，它逐一考虑系统的各个部分，并全面检查偏离对各个部分的影响，更多的是一种定性分析方法。HAZOP 分析也有其自身的局限性，因为任何一种辨识技术，都不可能保证所有的危险或可操作性问题都被识别。因此，一个复杂系统的分析，不应该完全依赖 HAZOP 分析，而应该与其他合适的技术结合应用。

例如，当 HAZOP 分析明确表明设备某特定部分的性能至关重要，需要深入研究时，采用故障类型与影响分析（FMEA）对该特定部分进行分析，有助于对 HAZOP 分析进行补充；通过 HAZOP 分析完单个要素/特性的偏差后，可以使用事故树分析（FTA）评价多个偏差的影响或使用 FTA 量化失效的可能性等。

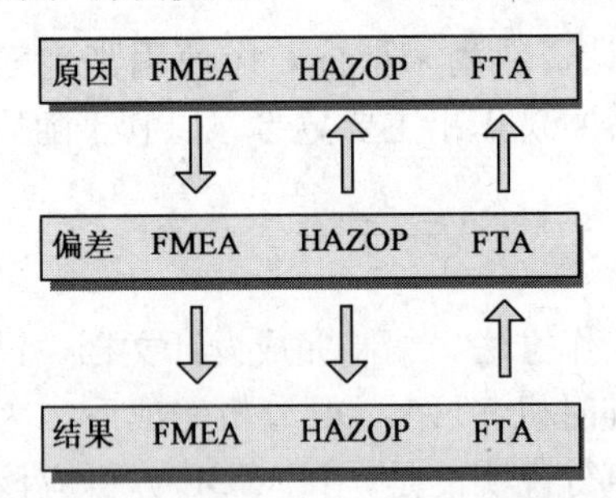

图 1-1　HAZOP 分析与其他分析方法的差别

HAZOP 与 FMEA 和 FTA 的差别见图 1-1。

通过图 1-1，可以看出三种分析方法的差异：FMEA 是从原因出发，寻找可能出现的偏差，及其可能导致的后果；而 FTA 是从结果出发，分析它是由何种偏差造成的，再寻找偏差产生的原因；HAZOP 是以偏差为切入点，向前寻找偏差产生的原因，向后寻找偏差可能导致哪些结果。

HAZOP 分析还可以与下例分析技术结合应用：

（1）HAZOP＋LOPA（保护层分析）＋SIL（安全完整性等级）；

（2）HAZOP＋JSA（作业安全分析）；

（3）HAZOP＋SIL（安全完整性等级）；

（4）HAZOP＋LOPA＋QRA（定量风险评价）。

另外，在一个有效、全面的安全管理系统中，与其他相关分析相协调是必要的。很多系统是高度关联的，其中的一个偏离可能源于其他地方。有限的局部缓解和保护作用可能导致无法找到真实的原因，并且仍然导致后续的事故。许多事故的发生是由于小的局部修改没有预见到其他方面的疏漏效应。虽然这种问题可以通过从一部分到另一部分进而执行偏离的推断解决，但实际上很少这样做。

当然，HAZOP 分析只是一个工具。完善的安全管理体系、标准体系、质量体系、工艺经验的积累以及工艺安全技术的应用才是最主要的安全保障。

第三节　HAZOP 分析在中国石油的应用

20 世纪 90 年代初，HAZOP 分析即被应用于中国石油独山子石化公司的 14×10^4 t/a 乙烯工程建设项目、22×10^4 t/a 乙烯改造项目以及中国石油乌鲁木齐石化公司聚酯工程项目的个别化工装置工艺危险分析中。2005 年，独山子石化公司 1000×10^4 t/a 炼油项目及 100×10^4 t/a 乙烯工程建设项目（23 套生产装置）全部应用 HAZOP 分析。2009 年底，中国石油四川石化有限责任公司 1000×10^4 t/a 炼油项目及 100×10^4 t/a 乙烯工程建设项目（15 套生产装置）的 HAZOP 分析工作，宣告了中国石油全面应用 HAZOP 分析开展工艺危险分析工作正式启动。

2010年，为了规范HAZOP分析工作，加强工艺安全管理，提高本质安全水平，中国石油以油安（2010）866号文发布了《中国石油天然气股份有限公司危险与可操作性分析工作管理规定》（见附录1），明确要求具有流程性工艺特征的新、改、扩建项目和在役装置都要开展HAZOP分析工作，同时对企业开展HAZOP分析的实施要求、HAZOP小组的人员资格、企业开展HAZOP分析的经费保障以及奖惩措施做了详细的规定。随后发布的Q/SY 1364—2011《危险与可操作性分析技术指南》（见附录2），从根本上解决了企业如何开展HAZOP分析工作的问题，成为中国石油系统内企业开展HAZOP分析的技术标准。

截至2012年上半年，中国石油新、改、扩建项目中完成HAZOP分析的项目或装置共计800个，提出建议23643条。在役装置完成HAZOP分析的共计632套，提出建议8667条。

中国石油在大力推进HAZOP分析方法应用的同时，也加大人才培养力度，积极开展HAZOP培训工作。自2009年9月份举办第一期HAZOP分析技术培训班至今，共举办6期培训班，经培训共有259人取得HAZOP分析师资格证书。

与此同时，中国石油逐步开展HAZOP分析的技术研究工作，十一五期间先后完成了“应用HAZOP等先进方法实现公司本质安全研究”和“HAZOP、LOPA、SIL集成分析软件的开发与推广应用研究”两个科研课题，形成的《HAZOP分析技术导则》、《HAZOP分析评估工作管理办法》为企业HAZOP分析工作的开展提供了指导依据，编制的风险矩阵，为中国石油下属企业开展HAZOP分析提供了确定风险的依据。

十二五期间，中国石油继续加大HAZOP分析研究力度，其中“HAZOP专家系统开发及在役装置SIL评估与应用研究”，旨在通过HAZOP专家系统软件实现HAZOP分析成果的价值最大化。

截至目前，中国石油、勘探与生产、炼油与化工、天然气与管道等专业公司都在相当数量的油田建设项目、炼化建设项目和管道建设项目中应用了HAZOP分析技术，取得了良好的效果。这充分表明，开展HAZOP分析是顺应时势、满足企业自身发展的需要，该方法不仅可以提高装置的工艺设计水平和安全运行水平，减少事故的发生，还有助于提高企业管理层的安全意识，加强员工的操作技能和应急处置能力。

第二章　HAZOP 分析方法

第一节　HAZOP 分析的特征及常用术语

HAZOP 分析作为一种风险分析评价技术，自 20 世纪 70 年代由 ICI 公司开发建立以来，已广泛应用于生产工艺过程，通过对整个工厂的 HAZOP 分析来确定新建或已有的工艺方案、装置操作和功能实现的危险。这种方法对于检查可操作性的问题是有价值的，可以通过检查可操作性问题，发现工艺装置潜在的危险。历经数十年实践应用和发展完善，HAZOP 分析以其系统、科学的突出优势，在装置工艺危险辨识领域独占鳌头，在发达国家得到广泛应用，并备受推崇。

一、HAZOP 分析的特征

HAZOP 分析是一个详细辨识危险与可操作性问题的过程，由一个分析小组执行。HAZOP 分析识别来自设计意图的潜在偏差，并分析偏差产生的原因和评估偏差产生的后果。HAZOP 分析的主要特征包括如下几个方面：

（1）HAZOP 分析是一个创造性的过程。分析流程是通过系统化地应用一系列引导词识别来自设计意图潜在的偏差，并将该偏差作为“触发装置”来激励小组成员分析偏差是怎样发生的，可能的后果是什么。

（2）分析是在一个训练有素、经验丰富的组长指导下进行的。组长必须用逻辑的、解析的思维以确保对分析系统的全面把握。组长最好有记录员帮助，记录员记录识别出来的危险、偏差导致的后果、现有控制措施、分析小组提出的建议措施或进一步评估建议。

（3）分析依赖具有相应技术和经验的各专业专家，他们具有良好的专业技能和对风险的判断能力。

（4）分析应该在一个积极思考和坦率讨论的气氛下进行，当找出一个问题时，应该做记录以备后续评估并确定解决方案。

（5）提供问题的解决方案不是 HAZOP 分析的一个主要目的，但是如果这些解决方案一旦制定了就要记录下来，供负责设计的人员参考。

HAZOP 分析通常由定义、准备、分析、记录和后续跟踪四个基本步骤组成，如图 2－1 所示。

HAZOP 分析必须由不同专业人员组成的分析组来完成，这种分析小组成员的组成方式有助于相互促进、开拓思路。

二、常用术语

在 HAZOP 分析中，常用到以下术语：

（1）设计意图。工艺流程（单元和特征参数）的设计思路、目的和设计运行状态或工作范围。

（2）分析节点。代表系统某部分的本质特征的要素或组合，指具有确定边界的设备（如两容器之间的管线）单元，是为了便于进行危害与可操作性分析而将分析对象划分成的具体逻辑单元，是HAZOP分析的直接目标。

（3）工艺参数。是与工艺过程有关的物理和化学特性，是单元定性或定量的特征，包括概念性的项目如反应、混合、浓度、pH值，及具体项目如温度、压力、流量等。

（4）引导词。用于定性（定量）表达或定义一种特定偏差的简单词语，引导识别工艺过程的危险，如多、少、高、低、逆向等。

（5）偏差。设计意图的偏离。用引导词系统地对每个分析节点的工艺参数进行引导发现的偏离工艺指标的情况；偏差的形式通常是“工艺参数＋引导词”的组合。

（6）危害。对人身体造成伤害或健康损害，对环境造成破坏或对经济造成损失的因素。

（7）危险。潜在的危险源。

（8）原因。引起发生偏差的事件。一旦找到了原因，就意味着找到了纠正偏差的方法和手段，这些原因可能是设备故障、人为失误、不可预料的工艺状态（如组成改变）、外界干扰（如电源故障）等。

（9）后果。偏差所造成的结果。后果分析时假定发生偏差时现有安全保护系统失效。

定义
(1) 确定范围和目标
(2) 确定任务及责任
(3) 选择分析小组成员

⇩

准备
(1) 分析计划
(2) 收集数据
(3) 确定记录模式
(4) 预估分析时间
(5) 安排分析会议日程

⇩

分析
(1) 将系统划分为若干节点
(2) 选择一个节点并确定设计意图
(3) 应用每个参数的引导词确定偏差
(4) 识别后果和原因
(5) 识别是否存在风险和隐患
(6) 识别现有保护措施、检测和指示装置
(7) 识别可能的改进/缓解措施(可选)
(8) 确定可采取的行动
(9) 对系统的每一个参数和每一个节点重复上述步骤

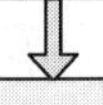

⇩

记录和后续跟踪
(1) 记录分析、讨论结果
(2) 签署文件
(3) 形成分析报告
(4) 跟踪措施的执行
(5) 如果有必要，重新分析系统的任何一个节点
(6) 形成最终HAZOP分析报告

图2－1　HAZOP分析步骤

（10）风险。某一特定危害事件发生的可能性与后果的组合。

（11）安全保护。也称为已有保护措施。为防止各种偏差及由偏差造成的后果而设计的或当前装置已有的工程和控制系统，用以避免或减轻偏差发生时所造成的后果，如工艺报警、联锁、操作规程、在线监测仪表等。

（12）建议措施。在已有安全保护措施不足时，HAZOP分析小组共同提出的需要进一步采取的对策措施或进一步研究的方向。

第二节　HAZOP分析方法要点

一、节点划分

为了便于对目标装置进行HAZOP分析，按照一定的原则，假想把装置分为若干个小

的单元，其中每个单元就是一个节点。通过节点的单元划分，将复杂的工艺流程进行分解，可使讨论者关注点集中，便于分析和判断。

划分的方法是使各个节点的设计意图能被充分地界定。节点大小的选择可源于系统的复杂程度和危险的严重程度。对复杂系统或者那些显现有高危害的流程，节点划分范围可能更小；对简单系统或者显现有低危害的流程，将节点划分范围扩大能够加快分析速度。总之，节点划分不宜过小，节点过小重复讨论过多，影响分析效率；也不宜过大，节点过大容易出现遗漏与分析不全。

节点划分的一般原则如下：

(1) 节点的划分一般按工艺流程进行，主要考虑工艺单元的目的与功能、工艺单元的物料；

(2) 必须有合理的隔离/切断点和明确的边界；

(3) 同一工艺单元内划分方法应该一致；

(4) 连续工艺一般可将1～2台主要设备及附属工艺管线、控制仪表作为一个节点，同一节点尽量在一张流程图内；

(5) 可以根据工艺介质性质的情况划分节点，工艺介质主要性质保持一致的，可作为一个节点；

(6) 工艺管道和仪表控制流程图（PID图）中所有设备、管线、控制仪表都要划到节点内，同一台设备要尽可能划在同一节点内。

在划分并选择分析节点以后，HAZOP分析组组长应确认分析节点的关键参数，如设备的设计能力、温度和压力、结构规格等，并确保小组中的每一个成员都知道设计意图。如果可能最好由设计单位或操作现场工艺工程师做一次讲解。

二、偏差确定

（一）引导词法

HAZOP分析的基础是“引导词”，对于每一个节点，HAZOP分析小组以正常操作运行的参数为标准值，分析运行过程中参数的变动，即偏差。这些偏差通过引导词和参数引出。确定偏差最常用的方法是引导词法，即：偏差＝引导词＋参数。

HAZOP分析小组要分析每一个节点（以及相关的特性），因为节点中对设计意图产生的偏离可能会导致不利的后果。确定来自设计意图产生的偏差是采用预先定义的“引导词”，通过提问的方式来达到的。引导词的作用是激发有想象的思考，集中精力的分析，引出观点并讨论，以最大可能性进行完整的分析。

1. 基本引导词

HAZOP分析的基本引导词和含义见表2-1。

表2-1 基本引导词和含义

引导词	含义	说明	类型
No（无）	对设计意图的完全否定	设计意图完全没有达到	量、质
Less（少）	数量减少	数量上与设计意图相比偏小	量

续表

引导词	含义	说明	类型
More（多）	数量增加	数量上与设计意图相比偏大	量
Part of（部分）	质的减少	功能（质）上与设计意图相比偏少	质
As Well As（伴随）	质的增加	功能（质）上与设计意图相比偏多	质
Reverse（相逆）	设计意图的逻辑反面	与设计意图完全相反	量、质
Other Than（异常）	完全替代	与设计意图不完全一致，有其他情况出现	质
Early（早）	时间超前	时间上与设计意图相比偏早	时间
Late（晚）	时间滞后	时间上与设计意图相比偏晚	时间
Faster（快）	速度增加	速度上与设计意图相比偏快	速度
Slower（慢）	速度减少	速度上与设计意图相比偏慢	速度

附加的引导词可能有助于对偏离的辨识。只要在分析开始前定义了，就可以选择确定的引导词。

2. 参数

HAZOP分析过程中，经常运用不同的参数/引导词来协助完成对节点内各工艺和设备单元的分析工作。根据描述特性，参数分为工艺参数和其他参数两类。

工艺参数是反映工艺过程中各种工艺介质的特性（物理、化学）的术语。通常可分为两类，一类是具体参数（如流量、温度、压力、差压、液位等），另一类是概念性的参数（如反应、混合、浓度、pH值等）。工艺参数是HAZOP分析的重点关注内容。

其他参数包括检修、腐蚀、泄漏、振动、人为因素等，是作为工艺参数的补充而存在的，它们和工艺参数的使用一样，用来引导和协助分析小组确定分析方向。

在各节点HAZOP分析过程中，参数的使用往往不尽相同，参数是根据各节点内单体设备和工艺单元的具体设计意图合理使用的。天然气净化厂HAZOP分析中常见的工艺参数见表2-2。

表2-2　天然气净化厂常见工艺参数举例

序号	工艺参数	序号	其他参数
1	流量	1	泄漏
2	压力	2	腐蚀
3	压差	3	检修
4	液位	4	振动
5	温度	5	通风
6	反应	6	泄放
7	浓度	7	人为因素
8	黏度		
9	密度		
10	组成		
11	pH值		

3. 偏差确定

偏差实际上就是偏离，其包括两方面的内容：一是指轻微偏离，即偏离了生产中正常的控制和操作参数，但未超出设计的极限要求；二是指严重偏离，即严重偏离了原来的设计要求数值范围。从事件发展的角度来看，这两方面实际上是偏离发生后体现在时间上的不同阶段，或者说是相同的偏离不同的程度。

生产经验告诉我们：偏差（尤其是超出设计范围）的出现可能会带来意想不到的危险，因此将偏差看成是严重威胁安全的隐形杀手。但是，生产实践中偏差往往是不可避免的，由于设备、仪表等故障，或者因人为因素影响等原因，就可能出现各种偏差，这可能会造成严重的工艺危害事故发生。因此，在 HAZOP 分析过程中要充分利用偏差这种特性，人为假设偏差的出现，通过考虑可能产生的后果及现有的保护措施，分析判断偏差出现后的工艺危害程度。

在 HAZOP 分析中，偏差是引导词与参数的组合，即：偏差＝引导词＋参数。

对于具体类的工艺参数，当与引导词组成偏差时，大多不易发生歧义，如“多＋流量”就表明流量过高，“无（或少）＋流量”就表明无（或过少）流量。但有些引导词与工艺参数组合后可能无意义或不能称之为“偏差”，如“伴随＋压力”，或者有些偏差的物理意义不确切。对于概念类的工艺参数，当与引导词组成偏差时，常发生歧义，如“多＋反应”可能是指反应速度过快，或指生成了大量的产品。所以有必要对一些引导词进行修改，并在实际应用中应注意拓展引导词的外延和内涵。因此分析小组在确定了所有的引导词和参数后，应列出一个偏差矩阵，确定有效偏差的内容。表 2-3 是一个常用偏差矩阵示例。

表 2-3　常用偏差矩阵示例

引导词 参数	No （无）	Less （少）	More （多）	Part of （部分）	As Well As （伴随）	Reverse （相逆）	Other Than （异常）
流量	无流量	流量过小	流量过大	间隙性	杂质	逆流	错流
压力		压力过低	压力过高			真空	
压差			压差过高				
液位		液位过低	液位过高				
温度		温度过低	温度过高				
真空度		真空度低	真空度高			正压	
反应	终止	过慢	剧烈	不完全	副反应	逆反应	催化剂失活
腐蚀			腐蚀加剧	不均匀腐蚀			
时间	缺步骤	过短	过长			顺序颠倒	
开、停工	缺步骤					顺序颠倒	
泄放	无法泄放	泄放过小	泄放过大		介质异常	倒吸	故障
检修	未检修			检修不完全			意外事情

在分析上述偏差矩阵时，有两种可能的顺序，即逐列，也就是引导词优先，或者逐行，也就是工艺参数优先。

（二）基于偏差库的方法

基于偏差库的方法本质上可以视为引导词法的一个发展方向。一般在 HAZOP 分析会议前，由 HAZOP 分析小组组长（主持人）或记录员对标准偏差库或规范性的偏差矩阵进行调查，从而确定特定装置的每个节点应进行哪些偏差分析。

（三）基于知识的方法

基于知识的方法是一种特殊的基于引导词的确定偏差的方法。此种方法所使用的引导词部分或全部来自分析小组的知识和特殊的检查表；并且要求分析小组成员对大量设计标准和/或对工艺装置的操作非常熟悉。此法不但可以应用于净化厂的初步设计审查，而且特别适用于在役装置的 HAZOP 分析。

在应用中，上述三种偏差的确定方法宜针对特定分析对象（流程或设备）结合起来使用，从而确定出有实际意义的分析偏差。

三、偏差分析

确定了每个节点的偏差后，需要对每个偏差进行分析，分析的内容包括原因、后果、保护措施等。

后果是指偏差所造成的结果，分析中考虑假定发生偏差时已有保护措施失效时的后果（事故），而不考虑那些细小的、与安全无关的后果。

保护措施是指设计工程系统和控制系统，用以避免或减轻偏差发生时所造成的后果（事故），如工艺报警、联锁、操作规程、在线监测仪表等。

建议措施是指已有安全保护措施不足时，HAZOP 分析小组共同提出的需要进一步采取的对策措施或进一步研究的方向，如增加压力报警、改变操作步骤等。

（一）偏差原因分析

1. 原因分析的原则

原因是指引起偏差发生的原因，一旦找到了发生偏差的原因，就意味着找到了对付偏差的方法和手段。通过寻找节点内所有可能导致偏差出现的影响因素，就找到了可能导致偏差的具体原因，这些原因可能是设备故障、人为失误、不可预料的工艺状态（如组成改变）、外界干扰（如电源故障）等。分析小组结合实践经验，能在 PID 图中找到它们存在的具体位置，为后续对症下药消减和控制风险打下基础。

2. 偏差原因分析的注意事项

（1）原因是引起偏差的原因。分析小组在分析过程中常会偏离此原则，最容易出现的逻辑错误：“后果的原因即引起偏差的原因。”若按照此逻辑，完成分析后会发现不同的偏差可能引起的后果是相同的，且引起偏差的原因也是相同的。这样分析重复较多，另外分析不具备针对性，同时也不具有可操作性。例如，假设压力偏差造成某系统着火爆炸，而泄漏偏差或液位偏差等同样也可以造成此后果的发生。有些工艺单元在参数发生细微偏差的情况下都可能造成严重的工艺危害事故发生，而导致后果的原因则可能是数十条甚至上百条，目标过多使得分析工作的开展不具有针对性。

（2）原因在节点内找。前面讲述了节点的划分及偏差的确定。在分析某一节点内参数偏差的原因时，应严格按照“引起偏差的原因在节点内找”的基本原则，目的是为了避免和减少不必要的重复。

（3）其他原因。分析小组在进行偏差原因分析过程中，除考虑PID图中设备、设施、仪表电器、安全附件、控制系统等故障及可能的人为因素等原因之外，对于某些特殊的工艺和介质，如水系统，还应考虑PID图以外可能引起偏差的外部原因，如冬季环境温度过低，容易造成水系统部分冻凝。除上述情况外，在对目标装置边界点进行分析时，受分析目标局限性和生产工艺连续性的限制，在寻找节点参数偏差原因时，还应考虑邻近的上游工艺流程中参数偏离原因对本节点的影响，这样做的目的是为了保持目标装置HAZOP分析的完整性。

表2-4为天然气净化厂HAZOP分析常用偏差原因库，希望有助于初学者开展HAZOP分析时拓宽分析思路。

表2-4 天然气净化厂HAZOP分析常用偏差原因库

序　号	偏　差	偏差可能原因
1	流量过大	（1）上游来料流量过大； （2）管路上调节阀故障开启； （3）管路上调节阀旁通阀误开启； （4）管线限流孔板磨损或拆除； （5）系统跨接； （6）管路上工艺阀门误开； （7）机/泵入口压力增大； （8）多台机/泵启动； （9）未安装限流孔板
2	流量过小/无	（1）上游来料流量过小/无； （2）管路上调节阀故障关闭； （3）管路上调节阀前后阀误关闭； （4）管道、阀门、重力分离器的丝网及过滤分离器的滤芯堵塞； （5）管线、设备腐蚀穿孔导致泄漏； （6）机/泵故障停； （7）机/泵入口压力减小； （8）管路上工艺阀门误关闭； （9）单向阀安装方向错误； （10）汽蚀现象
3	逆向流	（1）下游压力升高； （2）上游压力降低； （3）虹吸现象； （4）止回阀失效； （5）离心式机泵实然停机

续表

序 号	偏 差	偏差可能原因
4	错流	(1) 阀门误开启； (2) 换热管线腐蚀穿孔； (3) 阀门内漏
5	压力过高	(1) 上游来料压力过高； (2) 管路上调节阀故障关闭； (3) 管路上调节阀前后阀误关闭； (4) 高低压窜气； (5) 机/泵出口管线堵塞； (6) 喘振问题； (7) 呼吸阀失效； (8) 泄放系统失效
6	压力过低/无	(1) 上游来料压力低； (2) 管路上调节阀故障开启； (3) 管路上调节阀旁通阀误开启； (4) 设备、管路泄漏； (5) 呼吸阀失效； (6) 液封失效； (7) 机/泵入口管线堵塞
7	温度过高	(1) 上游来料温度过高； (2) 燃料气管路上调节阀故障开启； (3) 燃料气管路上调节阀旁通阀误开启； (4) 重沸器温度过高； (5) 换热器冷却介质流量不足； (6) 夏季环境温度高； (7) 冷却失效； (8) 回流失效； (9) 反应失控； (10) 余热回收系统故障
8	温度过低	(1) 上游来料温度过低； (2) 燃料气管路上调节阀故障关闭； (3) 燃料气管路上调节阀前后阀误关闭； (4) 重沸器温度过低； (5) 热介质换热器结垢； (6) 冬季环境温度低； (7) 伴热不足； (8) 回流过量； (9) 余热回收系统故障
9	液位过高	(1) 上游（来料）流量过大； (2) 下游（抽出）流量过小； (3) 液位控制阀故障关闭； (4) 换热管线腐蚀穿孔； (5) 人工排污未及时排放

续表

序　号	偏　差	偏差可能原因
10	液位过低/无	(1) 上游（来料）流量过小； (2) 下游（抽出）流量过大； (3) 液位控制阀故障全开； (4) 溶液排放阀门误开启； (5) 换热管线腐蚀穿孔； (6) 人工排污操作失误； (7) 重沸器溢流板损坏； (8) 吸收塔/再生塔上部顶部拦液； (9) 吸收塔/再生塔溶液发泡
11	差压过高	(1) 上游来料杂质含量过高； (2) 丝网、过滤器滤芯堵塞； (3) 吸收塔/再生塔塔盘堵塞； (4) 吸收塔/再生塔液泛； (5) 管路上腐蚀、降解产物堵塞
12	泄漏	(1) 管线、设备破裂； (2) 管线、设备腐蚀穿孔； (3) 设备接口密封失效； (4) 阀门内漏； (5) 未装盲板
13	腐蚀加剧	(1) 未装阴极保护； (2) 未加注缓蚀剂及采用相应的涂层； (3) 选材不当； (4) 气质条件发生变化，介质腐蚀性增强； (5) 防腐涂层破损失效； (6) 流体流速过高
14	醇胺溶液起泡	(1) 醇胺溶液污染； (2) 原料气过滤分离系统失效； (3) 活性过滤器失效
15	溶液降解失效	(1) 溶液中氧及杂质含量升高； (2) 气质条件发生变化，酸性负荷增加； (3) 溶液再生温度过高
16	操作问题	(1) 操作太早； (2) 操作太晚； (3) 脱岗； (4) 操作未完成； (5) 多余的操作； (6) 操作失误

续表

序　号	偏　差	偏差可能原因
17	人为失误	(1) 个人能力不够； (2) 无相应的资格； (3) 培训不到位； (4) 精神状态不佳； (5) 药物作用； (6) 工作环境缺陷； (7) 信息传递不畅

(二) 偏差导致后果分析

1. 偏差导致后果分析的原则

后果是指偏差造成的后果，即假设所有保护措施都失效，参数发生偏离后造成的工艺危害事故。另外，对于那些细小的与工艺危害无关的后果，例如涉及工艺调整、产品质量、经济损失、能耗等方面的问题，分析小组同样需要认真对待，确保后果分析的完整性。偏差后果分析逻辑举例见表 2－5。

表 2－5　偏差后果分析逻辑举例

分析逻辑	后果分析举例
偏差出现引起的最严重工艺危害后果	某天然气净化厂脱硫单元原料气分离器正常操作压力范围为 4.5～5.5MPa，额定压力为 6.3MPa；分析此系统出现压力过高，当超过其设计的额定耐受压力时（大于 6.3MPa），同时不考虑任何保护措施的有效作用情况下，其后果可能为超压爆炸、有毒气体外泄
偏差出现引起的最严重的非工艺安全后果	某天然气净化厂脱硫单元胺液轻微降解变质，可能造成净化气中 H_2S 含量超标，从而影响产品质量

表 2－5 说明，工艺单元内一旦出现偏差，偏差的情况不同，对整个工艺系统影响的程度也不同。分析小组应查询相关资料得出准确的工艺和设备信息，通过仔细推敲偏差所偏离的程度，并结合所掌握的工艺和设备、物料介质等相关信息，判断得出偏差可能造成的影响后果。在对偏差进行后果分析过程中，要求分析小组根据经验从偏差可能引起的最严重的后果去考虑。后果根据工艺系统、设备设置及物料的不同可能会有很大区别。

2. 偏差导致后果分析注意事项

(1) 偏差后果分析应遵循先节点内、再节点外、全局考虑的原则。分析偏差的影响后果时首先应考虑对本节点内设备的影响，同时为了保持整个分析工作的连贯性，适当地将后果影响范围向节点的上下游扩散，但应注意不要一味漫无边际地假想。为了防止偏差后果分析时产生错误逻辑，规定考虑偏差后果除了先考虑本节点内偏差的影响后果以外，同时应考虑偏差对节点上下游邻近的 1～2 台主体设备的影响。

（2）偏差后果为最严重的后果。对于偏差导致的后果，考虑的是最严重的后果，即在没有任何保护措施作用下的最糟糕的情况。首先应考虑工艺危害后果，其次考虑偏差对生产工艺其他方面的影响。因为后果可能是火灾、爆炸、人员中毒等工艺危害事故，也可能仅为工艺波动，如影响产品质量等。分析小组成员应根据经验和实际情况进行判断。

（3）避免分析的逻辑错误。在进行偏差后果分析时，由于前面找到了偏差出现的原因，故容易犯的逻辑错误是："分析原因导致的后果"。正确的逻辑是："分析偏差引起的后果"。出现逻辑错误的原因在于节点内引起偏差的原因，对生产工艺影响的情况可能非常多，而且很多情况在进行其他参数分析时可能会出现大量重复，久了会引起分析逻辑混乱，严重影响分析质量。同时，按照错误逻辑进行分析，无法根据结论提出有效的、有针对性的建议措施，达不到 HAZOP 分析的目的要求。

另外，在书写偏差导致的后果时，注意要把后果的逻辑关系描述清楚，例如："罐 D-201 导热油液位过高溢出，遇点火源可能导致着火爆炸"，不要在结果内只写着火爆炸。

（三）保护措施分析

1. 保护措施分析的原则

保护措施是指设计者为了保障整个工艺系统、调节系统在正常生产条件下安全可靠，同时为了避免或减轻偏差发生时所造成的工艺危害后果，而设置的一些保护手段，例如报警、联锁、安全阀、消防系统等。

保护措施一般包括以下内容：安全联锁系统；基本控制、报警系统；安全仪表系统；固有的安全设计特征；操作人员的干预；压力释放系统；工厂应急响应；公众紧急响应；其他。

2. 保护措施的识别与分析技巧

（1）寻找保护措施。应根据其设计功用，针对后果和偏差的情况在整个工艺系统中寻找，即保护措施看全局。根据其功用和对后果的贡献情况，可分为预防、监测、控制这几类保护措施。HAZOP 分析中，要求在整个工艺系统中寻找预防、监测、控制后果发生的直接有效的现有保护措施。

（2）从根除偏差的角度出发。从此角度识别出的保护措施能彻底杜绝偏差产生条件。例如，某节点内容器设计最高工作压力为 6.3MPa，而系统实际的正常操作压力仅为 5.0MPa，最大系统压力为 5.5MPa，那么这个容器就是本质安全设计，是很好的保护措施。

（3）从监测和预防角度出发。寻找节点内工艺流程中的监控仪表和报警仪等。例如，在线监控仪器仪表、DCS 显示等这些设备和设施能有效地监测和控制工艺的运行，防止偏差发生后导致严重后果。

（4）从偏差发生后进行控制的角度出发。遇到某些偏差无法避免的情况，应寻找有效的防护措施。如消防设施、安全阀、联锁装置等，这些设置能够有效地杜绝工艺危害发生或者减轻偏差发生导致的工艺危害后果。

（5）书写顺序。保护措施可以在节点内，也可以在节点外，可以是硬件措施，也可以是软件措施。在书写保护措施时，应按照预防、监测及控制减弱的顺序书写。

四、风险评估

风险分为固有风险和残余风险。固有风险是工艺装置在不考虑任何保护措施作用下的工艺危害（安全后果），而残余风险指在现有保护措施作用下的工艺危害。

通过固有风险分析，可以确定目标装置各工艺单元内的关键设备、关键设施和关键位置等，为残余风险分析提供准备。固有风险分析的原则是不考虑任何保护措施作用下的危害，即考虑已知的基本工艺设备在没有任何保护措施时，发生危害事故后果的严重程度，以及发生预测的最严重的危害事故的可能性（通常需要考虑该单元物质的物理化学性质、储存数量和单元的位置等内容），然后综合考虑所预测的后果严重性（C）和发生严重后果的可能性（F）来确定风险等级。通常，固有风险信息主要来源于以下几个方面：

（1）工艺介质的化学品安全说明书（MSDS）；

（2）基本工艺单元内正常运行情况下的介质数量；

（3）装置布置图；

（4）装置定点分析结论；

（5）（工艺危害分析）PHA 过程中所有危害辨识内容；

（6）其他。

HAZOP 分析中的风险评估主要是针对现有保护措施作用下的残余风险，风险评估实际上是定性地对现有保护措施作用下的风险进行评估的过程。

HAZOP 分析中，残余风险分析结论同偏差后果的严重性及偏差引起后果的可能性及有效的保护措施之间的逻辑关系如下：

残余风险（R）＝引起后果的可能性（F）×后果的严重性（C）/现有保护措施的效力

式中 后果的严重性（C）——不考虑任何保护措施作用下的工艺危害，如火灾、爆炸、中毒等工艺危害；

现有保护措施的效力——判别有效的、直接的和间接的保护措施（保护层）的数量和内容，对保护层分类并对其自身的有效性进行综合的定性判断；

引起后果的可能性（F）——考虑现有的保护措施完全发挥作用后，发生工艺危害事故的综合可能性。

确定装置任何位置及设备设施是否安全，应充分综合考虑 C、F 及现有各种有效保护措施设置和作用的情况。残余风险等级的判断依赖 HAZOP 分析小组人员的能力和经验，建议分析时在适当有效的范围内尽可能寻找保护措施，选择适合自己的风险评估矩阵。需要注意：残余风险分析的是由于偏差发生而导致后果发生的可能性而并非发生偏差的可能性，残余风险概念基于偏差出现对工艺系统的影响情况分析。

传统的 HAZOP 分析本来就是隐患辨识的一种技术，通过 HAZOP 分析可以找到目标装置设计中存在的隐患。随着风险技术的发展，将风险评估融入 HAZOP 分析中，使整个 HAZOP 分析更加趋于完善。将风险矩阵应用于 HAZOP 分析中，形成了现在的 HAZOP 危害辨识和风险评估方法，根据事故的后果严重等级和事故发生频率等级在风险矩阵中确定事故的风险等级。

HAZOP分析是对风险进行评估的过程，它最有效和最客观的一面就是充分结合了众多独立的风险辨识方法的优点，将薄弱环节法、目标分类法以及平衡法等相融合，并利用风险评估矩阵进行分析评估。它简化了原有方法固有的打分评级的老做法，细化和量化了工艺危害带来的后果情形，并充分考虑了各种不同保护措施的作用情况，使工艺危害分析小组进行风险评估时，能较客观判别和认定残余风险的等级，便于小组成员掌握和应用。

（一）HAZOP风险评估的步骤

（1）对危害事故、事件进行定义，并对危害事故、事件的后果进行定性评估。

（2）对该事故、事件发生的途径进行分析。

（3）使用“后果评估矩阵”进行判别，选择并确定最贴近事故后果的级别，描述并记录确定的后果级别。

（4）使用“可能性评估矩阵”，选择最贴近事件发生概率的级别描述来确定频率级别。

（5）使用“风险评估矩阵”，结合后果级别和频率级别进行综合评价，评估出一个最终的风险等级。

（二）工艺危害的后果等级

运用HAZOP分析进行风险评估时，首先应对可能导致工艺危害后果发生的情形进行后果评价和评级。工艺危害对目标装置的影响，主要关注火灾、有毒物质泄漏、爆炸、不可逆的安全和健康影响；财务和投资影响；环境影响等三方面内容。HAZOP分析小组可以根据后果矩阵中的内容来确定事故的后果等级。

在HAZOP分析过程中，若分析小组认为某个偏差或某个局部的单元，甚至某个系统仅做常规的HAZOP分析还不够充分，需要做进一步的量化分析时，可选择风险矩阵进行评估。

（三）定性的风险评估实践中需注意的问题

（1）后果评估矩阵和可能性评估矩阵的确定和完善。在进行风险评估前，首先应确定好后果评估矩阵和可能性评估矩阵内容，通过不断完善和更新，保证分析使用时的客观、准确。不同的行业、不同的项目采用的矩阵内容可能不尽相同。评估矩阵的内容确定，一方面依靠收集不同行业法律法规的相关内容；另一方面结合不同行业和项目的实际情况，按照不同情况进行分级；同时也可以借鉴国内外一些相关评估标准和评估检查表等内容。

（2）后果评估矩阵与可能性评估矩阵是进行定性风险评估的一种工具，但不是唯一的。在进行定性风险评估时常常使用矩阵法。这里所讲到的后果评估矩阵和可能性评估矩阵是结合了矩阵法和检查表法进行判别的一种综合方法。在实际分析过程中，由于其具有方法简单、逻辑清晰、易于被人接受等特点，常常为广大分析者选用。但需要说明的是，定性的风险评估方法除了此方法外，还有其他方法，分析者可以根据需要选择合适的方法进行风险评估。

（3）风险评估的可能性判别过程需要充分考虑偏离出现的频率以及偏离出现后引发事故的各种条件。保护措施的多少和效力强弱直接影响风险的大小。事故后果很严重，但是事故的发生频率很低，且现有保护措施很多，那么由于偏离的出现而导致严重后果的可能性就很小。在实际分析过程中，分析小组应紧紧把握住这个逻辑关系，明确设计者的设计意图，寻找预防后果发生的各种有效保护措施，客观地辨识风险。

在中国石油天然气集团公司发布的标准 Q/SY 1364—2011《危险与可操作性分析技术指南》中，规定了中国石油所属企业开展 HAZOP 分析时的风险等级标准及风险矩阵，可供天然气净化厂开展 HAZOP 分析工作时使用。

五、建议措施的提出

分析小组通过对目标装置单元进行 HAZOP 分析，根据残余风险情况，提出建议措施。目的是通过采用提出建议措施的方式提醒属地主管领导明确目标装置内的潜在风险，同时希望通过落实建议措施的实际行动，消除和降低潜在的工艺危害风险。另外，有些建议措施还涉及优化操作、提高产品收率、节能降耗、保证平稳操作等方面的内容。

《佩里化学工程师手册》（科学出版社，2001）对大量工艺危害分析项目中所提出的建议措施进行了统计。在这些建议措施中，大约 40％的建议是关注 HSE 方面的，60％的建议是关注改善系统的可操作性或便于维修等内容。

建议措施的提出应从消除原因、预防和监测、控制和降低危害后果等几方面考虑：

（1）消除原因。建议措施举例："建议原料天然气进脱硫装置前进行凝液分离处理"。

（2）预防和监测。建议措施举例："建议在净化天然气管道上增加 H_2S 在线分析监测，以指导生产操作。"

（3）控制和降低危害后果。建议举例："建议胺液低位配制罐地坑内增加空气吹扫管线，以便在停产检修时，避免低位沉积的 H_2S 对作业工人身体产生伤害。"

此外，建议措施提出有如下技巧可供参考：

（1）看风险等级，Ⅲ级、Ⅳ级残余风险必须提出建议措施或控制及降低风险的方向。

（2）看引起偏离的原因，一般的建议措施的提出均应与引起偏离的原因一一对应。

（3）看已有的保护措施情况，保护措施的类型直接影响残余风险等级大小，理论上直接有效的本质安全保护措施是最安全的。

（4）当建议提出增加有效和可靠的保护措施时，需要对建议措施内容进行斟酌，考虑必须兼顾措施的落实和执行难度，以及投资成本要求，最主要的是应注意增加的保护措施是否可能对后续或前端工艺流程和系统带来安全隐患问题等。

（5）当需要提出建议措施，而 HAZOP 分析小组成员由于自身能力和技术等原因无法准确提出时，建议措施内容应以控制及降低风险的方向形式出现，而勿勉强。

六、HAZOP 分析记录表的填写

HAZOP 分析记录表包括表头内容和分析记录内容两部分。表头内容应包括节点序号、节点描述、设计意图、图号、会议日期、参加人员等。分析记录内容应包括序号、偏差、分析对象、原因、后果、现有保护措施、风险分析（严重性、可能性、风险等级）、行动建议、责任单位等。

HAZOP 分析记录表的填写要求如下。

（一）表头内容

1. 节点序号

分析小组根据前面所叙述的方法将目标装置人为地划分为若干个分析单元，每一个单元就是一个节点。HAZOP分析小组在进行分析前应将所有节点进行编号（1号，2号，3号……），并将序号标注在分析用PID图上。在进行分析记录时，HAZOP分析小组应首先将节点序号填写在HAZOP记录表中。

2. 节点描述

节点描述是通过简练的语言描述所划定的节点内容。节点描述的作用：使HAZOP小组成员和阅读者通过节点描述清楚地知道所分析节点的具体范围，以及本节点内的主要设备、设施、控制仪表等，为以后顺利开展分析做好准备。

节点描述一般采取两种做法：一种是沿着节点工艺流程的走向，用简练的语言按照顺序依次描述主要设备、设施、安全附件等，同时将节点内其他管件等尽量描述清楚。另一种是记录节点所在PID图的图号，并对节点所标记的区域进行简单描述，包括区域的颜色、区域内的主要设备等。

两种描述节点的方法没有本质上的区别，都是使分析者和阅读者明确节点的范围和节点内所包含的主要内容。建议初学者采用第二种方法进行节点描述，充分利用彩色线条减少文字叙述。这样以后的分析工作能更加清晰明了，同时可以提高HAZOP分析的效率。

实践中进行节点描述的几点注意事项：

（1）明确节点描述的目的和用途，避免用过于繁杂的技术语言进行描述和记录。

（2）描述时文字应尽量简练，注意要把PID图中的主要设备、控制仪表等描述记录在HAZOP记录表中。此外，节点描述中所描述的设备名称、位号等应与实际流程和PID图相符，并要求节点描述逻辑清晰。

（3）节点描述时，对于PID图中未画出而实际节点内存在的主要设备设施，如消防系统、烟感系统、可燃有毒气体报警器等，HAZOP分析小组需根据现场的设计要求和实际配备情况，将相关内容进行描述并记录在HAZOP记录表中，避免遗漏。

（4）实践中，节点描述工作应由组长（主持人）安排小组成员尽量在分析会议之前完成，节点分析时仅做必要的讲解即可，尽量节省分析时间，提高分析效率。

3. 设计意图

在HAZOP记录表中的设计意图一栏，HAZOP分析小组需要填写本节点的设计意图或设计功用。从整个工艺系统来说，设计意图是依靠于工艺系统的某种或多种功用，而实现整个工艺系统的某种或多种功用，需要设计者依照标准大量选用各种设备设施、控制仪表等。具体到设备每条联锁设置、每条管线、每个阀门等，或者说目标装置工艺系统中任何一个区域都要实现设计者设计要求，这个系统才可能顺利运行并达到预期的功用。对于以节点为基本单元的工艺系统，要求HAZOP分析小组必须准确高效地把握目标装置中任意工艺单元（节点）的设计目的和功用，这是后续分析的基础。

“设计意图”填写的具体要求如下：

（1）查询准确的设计资料，结合 HAZOP 分析小组成员的经验，用简洁的语言描述节点的设计功用。

（2）列出所有受控工艺参数。节点内的设备正常生产中往往需要通过进行控制和调整来实现整体工艺系统的安全平稳运行。因此，需要 HAZOP 分析小组查询相关资料，结合节点内各设备、设施等的设计功用，确定节点内所有有效的工艺参数，并将所有有效的控制参数值或范围罗列在“设计意图”一栏中，以便 HAZOP 分析小组查阅和分析使用。

（3）设计意图中罗列的工艺参数数据，可以选用设计说明书中的理论核算值并结合设计者提供的正常调控范围数值进行填写。对于某些数据，如安全阀的正常泄放量、额定泄放量等除了可以通过查询常用的设备设计说明书外，还可通过查询相关的设计依据和设计计算书等资料获得。

（4）如果节点的设计用途不止一个，则可将设计用途按主要和其次的顺序进行罗列。判断设计用途主次的主要依据是设计标准中给定的此类设备的工作原理及对整个目标装置工艺系统的作用等。

（5）填写设计意图时，应注意由主持人引导 HAZOP 分析小组成员完成设计意图的填写，或主持人根据需要安排专人提前完成设计意图的填写工作。分析前要求由最熟悉此工艺的设计人员进行介绍和解释，当所有小组成员完全理解设计者对本节点的设计意图后方可进行后面的分析工作。

4. 图号

实际分析时，由于划分节点选用的方法不同，节点大小不同，所涉及的图纸和图号也有很大的差别。例如，若按工艺流程进行节点划分，形成的一个节点可能跨越几张甚至更多的 PID 图。对于此情形，要求 HAZOP 分析小组在进行 HAZOP 记录时将此节点分析所涉及的所有图纸的图号按顺序记录下来，避免由于遗漏影响分析结果。

当 HAZOP 分析小组顺利完成了目标装置所有 PID 图纸的分析后，HAZOP 主持人应负责安排小组成员完成对所有图纸图号与节点分析记录表的核对工作，目的是避免分析遗漏。

5. 会议日期及参加人员

HAZOP 分析是一项专业性要求较高、较枯燥的工作。它要求小组成员必须耐心、细致地完成。由前可知，要完成对目标装置的 HAZOP 分析，必须制订相应的工作计划，并且要所有分析小组成员参与才能高效率地完成。但是在实践中，不可避免地会出现小组成员由于其他事情无法参与的情况。为了保证分析质量，应要求所有节点分析都记录会议日期和参加人员。目的是当所有分析工作全部完成后，回顾所有的节点分析，找出那些在小组成员未到齐的情况下完成的分析记录。制订计划并重新安排适当时间，在小组所有成员全部到齐后，通过对此类节点的回顾、补充和完善相关分析内容，这样可以保证 HAZOP 分析乃至整个工艺危害分析的工作质量。

（二）分析记录内容

1. 偏差

“偏差”一栏实际上是对偏差的详细描述。“偏差＝工艺参数＋引导词”，HAZOP 记录表中填写参数和引导词时应注意组合的意义，具体的组合技巧前文已经进行了阐述。

引导词在 HAZOP 分析中的使用，除了常用的如过高、过低、过快、过慢等描述程度的词以外，还应注意以下几种特殊的引导词：逆向、错流、泄漏、降解、腐蚀等，此类引导词在使用过程中会使 HAZOP 分析小组开阔思路。实际中，HAZOP 分析小组应多使用和多积累引导词，掌握其使用技巧，以便遇到特殊场所时能灵活运用，引导节点 HAZOP 分析的进行。

在实际 HAZOP 分析中，通过考虑各种偏差的作用和对目标装置工艺的影响情况来开展分析。但是由于 HAZOP 的节点划分比较灵活，节点根据分析者的情况不同有大有小，分析内容同样有多有少。同一节点内，使用同一个参数所对应的偏差可能会出现不同的几个。

在实际填写 HAZOP 记录表时，记录者应注意节点的具体情况，相同的工艺参数若对应不同的偏差，记录时应进行编号处理，以便今后查阅。

2. 分析对象

前述在 HAZOP 分析中，分别有引导词优先、参数优先两种方法，为了便于清楚地描述，增加了分析对象一栏。

例如，某天然气净化厂原料气预处理单元 HAZOP 分析时使用“流量过大”这个偏差，有了分析对象这一栏，可依次对原料天然气、放空天然气、过滤分离器排放液等不同分析对象进行分行，避免遗漏并保证更有条理。

3. 原因

前述已就如何进行偏差的原因分析及原因分析过程中的主要事项等问题进行了详细介绍。这里需要明确的是，在完成 HAZOP 分析记录表时原因的填写要求。原因是引起偏差的原因，原因在节点内找。此外，为了使 HAZOP 分析记录逻辑更加有层次且避免遗漏，在节点内寻找偏差原因时，按照工艺流程的走向，按顺序依次寻找。

记录和描述引起偏差的原因时，还应注意：

(1) 书写原因时语言应简练，并将原因与偏差之间的逻辑关系描述清楚。例如：偏差——某罐内介质液位偏高；原因——实现液位自动控制的流量控制阀失效。

(2) 原因描述时应将具体的设备位号、仪表位号等记录清楚。对于某些没有具体位号的设备仪器，如手动阀，应描述清楚其具体的位置。例如，原因描述：“D－101 出口排液手动阀误打开”。

(3) 引起偏差的原因只记录原因的表象，不研究导致此原因出现的具体情况。例如，分析和记录某储罐液位偏低的原因时，只记录原因的表象情况“原因一：储罐液位计指示虚高故障。”而 HAZOP 分析不去探讨和研究引起设备、仪表、电路系统等的具体故障原因。又如，机泵实现介质的输送和传递，分析引起此流程介质流量偏小或无的偏差原因时仅需描述为“机泵故障”，而无需记录由于何种机泵部件失效引起的机泵设备故障。

4. 后果

HAZOP 分析记录表中的后果是指由于偏差的出现，可能引起的工艺危害后果。前述已详细介绍了偏差后果分析的具体内容和要求，以下仅补充几点填写偏差后果时需要注意的事项：

（1）后果是偏差出现导致的后果。填写时应明确后果与偏差之间的逻辑关系，偏差与后果是直接的因果关系。HAZOP 分析小组成员在填写后果内容时，应结合前面的“偏差”内容，判断它们之间的因果逻辑关系。回顾过程中若发现逻辑关系不成立，应及时修改后果内容。

（2）应首先考虑偏差可能引起的最严重的工艺危害后果，同时还要考虑偏差出现产生的其他影响。当某一偏差的出现引起了多个不同的后果时，需要将所有后果按照严重程度进行单独记录。分开记录有利于后果等级的评定。

（3）描述后果时应使用简练的语言，同时还要将后果描述清楚，避免仅出现几个简单的名词。

5. 现有保护措施

前面详细介绍了保护措施的分析原则和识别技巧等，以下详细介绍 HAZOP 记录表中如何填写保护措施这一项内容。

（1）保护措施应首先从防止和减少偏差出现入手，分析节点内所列出的所有引起偏差的各种原因，寻找能彻底杜绝偏差出现，或能有效降低偏差出现频率的保护措施，以及能随时监控偏差出现的保护措施，为今后的响应和应对做准备。这类保护措施是针对产生偏差的原因的。

（2）保护措施应从消除、降低工艺危害方面进行识别。所有起作用的设备设施、仪器仪表、联锁报警等都是保护措施。此类保护措施往往是针对偏差可能导致的后果的。

（3）保护措施不但需要在 PID 图中进行查找、辨识和记录，对于某些现场设置的能起到很好的防护作用的设备设施，如现场固定式可燃气体报警器、消防设施、红外线摄像头等，也应记录在 HAZOP 分析记录表中，作为分析资料留存。

（4）保护措施按照消除、监控、降低风险的顺序进行寻找、分析和记录。也就是首先将能消除风险的手段和措施记录在 HAZOP 分析记录表内，其次是监控措施，最后是控制工艺危害事态扩大化的保护措施。

（5）保护措施的描述同前面的要求一致，要求语言简练，叙述逻辑清晰，应将设备位号及名称等记录清楚。

（6）寻找和记录保护措施的工作并不是无休止的。首先应寻找和确定那些最直接和有效的保护措施，例如，针对“流量偏大”这个偏差的最有效的保护措施是限流阀和流量控制阀等。保护措施在全局内找，在保持这个原则不变的情况下，建议保护措施最好不要超越节点前后相邻近的两台主体设备的范围区域。

（7）寻找保护措施的目的不是为了确定保护措施的数量，而是通过对现有保护措施的寻找和探讨，评估在目前情况下现有保护措施是否足够。当发现保护措施不足且风险较大时，通过提出建议措施的方式补充和完善保护措施，从而消除或降低风险。保护措施的寻找应是小组成员的一致意见。

6. 风险分析

前文已详述了目标装置工艺系统节点风险等级的确定过程。由于后果等级和可能性等级的确定，往往大量依靠分析人员的经验，因此不同的分析人员由于自身经验的不同，分析得出的风险等级结论可能也不尽相同。但需要注意：不要人为随意调整后果等级和可能性等级，更不要为了发现风险而有意主观地调高风险等级。

风险等级的确定并不是进行 HAZOP 分析的重点，进行 HAZOP 分析注重的是整个分析过程，是对偏差导致的后果与引起偏差出现的原因的识别以及对现有保护措施是否完善的评判。

当记录 HAZOP 分析结论时，常常会发现后果的风险等级为Ⅰ级或Ⅱ级，安全风险很小，节点很安全。此时分析小组可能会有徒劳无功的感觉，而实际上结论并不是重点，通过分析验证了此装置的安全性，其对目标装置的贡献不亚于分析发现了Ⅲ级或者是Ⅳ级风险的隐患内容。

7. 建议措施

前文已讲述了提出建议措施的技巧，下面将介绍 HAZOP 分析记录表填写过程中需要注意的几点问题：

（1）建议措施语言应简明扼要，避免啰嗦冗长，使阅读者能轻易准确地把握建议内容的含义，并明确下一步行动的方向。避免由于叙述不清导致错误理解，而造成不必要的麻烦和问题。

（2）建议措施内容的描述应明确具体。节点内需要增加或删减设备设施，或需要进行其他变更的，应描述清楚变更的具体位置。所有涉及的设备位号或管线号等均需要记录清楚。提出建议措施应使用肯定句，不能使用否定句、疑问句和反问句等。

（3）编写建议措施内容时，应将提出建议措施的缘由描述清楚。审阅者通过阅读建议措施的内容就能够清楚地了解建议措施提出的出发点、实施的着力点及建议措施的目的等信息。

（4）建议措施内容是分析小组所有成员进行讨论，并达成一致意见后得出的。当小组讨论过程中针对建议措施的提出存在较大分歧时，应先将问题搁置，组长（主持人）可以采取折中的方案，或采用会下解决的方式，待所有意见达成统一后，再进行建议措施的记录。

HAZOP 分析记录表格式见表 2-6。

表 2-6 HAZOP 分析记录表格式

<table>
<tr><td>节点序号</td><td colspan="2">节点描述</td><td>设计意图</td></tr>
<tr><td></td><td colspan="2"></td><td></td></tr>
<tr><td colspan="2">图号</td><td>会议日期</td><td>参加人员</td></tr>
<tr><td colspan="2"></td><td></td><td></td></tr>
</table>

<table>
<tr><td rowspan="2">序号</td><td rowspan="2">偏差</td><td rowspan="2">分析对象</td><td rowspan="2">原因</td><td rowspan="2">后果</td><td rowspan="2">现有保护措施</td><td colspan="3">风险分析</td><td rowspan="2">建议措施</td><td rowspan="2">责任单位</td></tr>
<tr><td>严重性</td><td>可能性</td><td>风险等级</td></tr>
<tr><td>1</td><td></td><td></td><td></td><td></td><td></td><td></td><td></td><td></td><td></td><td></td></tr>
<tr><td>2</td><td></td><td></td><td></td><td></td><td></td><td></td><td></td><td></td><td></td><td></td></tr>
<tr><td>3</td><td></td><td></td><td></td><td></td><td></td><td></td><td></td><td></td><td></td><td></td></tr>
<tr><td>4</td><td></td><td></td><td></td><td></td><td></td><td></td><td></td><td></td><td></td><td></td></tr>
<tr><td>…</td><td></td><td></td><td></td><td></td><td></td><td></td><td></td><td></td><td></td><td></td></tr>
</table>

第三章 HAZOP分析实施过程

第一节 HAZOP分析准备

一、组建HAZOP分析小组

（一）分析小组构成

HAZOP分析小组一般情况下由4～8人组成，应设置一名组长（主持人），并由训练有素、经验丰富的专家担任，应包含记录员/秘书、工艺工程师、设备工程师、仪表工程师、HSE工程师、操作技师和相关设计人员等。这些组成人员分别来自项目业主、项目设计单位、项目运行单位、技术支持机构、承包方等。然后由组长根据项目分析情况组成分析小组。

（二）小组成员职责

1. 组长（主持人）

组长（主持人）的核心工作是组织和指导专家小组高质量地完成HAZOP分析研究工作，其职责主要有：

（1）组成HAZOP分析小组，明确组员的职责，负责项目管理人员与小组成员之间的沟通；

（2）与用户方及其他相关部门进行协调，收集相关资料，做好HAZOP正式分析会议的准备工作；

（3）组织召开HAZOP分析会议，在分析会上，应充分调动小组成员的积极性，保持分析工作的方向，控制工作进度；

（4）实施质量检查和数据的审核；

（5）保证秘书整理出准确、恰当、全面的记录；

（6）组长将签署最终的HAZOP分析报告并对其负责；

（7）提交已完成项目的HAZOP分析报告。

2. 记录员（秘书）

记录员（秘书）最好由工艺工程师担任，其职责是：

（1）协助组长规划和管理日常事务；

（2）清楚、准确地记录HAZOP预分析、正式分析会议上所涉及的全过程，包括会议确定的分析范围和目标、划分节点、设置引导词和偏差、分析偏差产生的原因和偏差造成的后果等；

（3）协助编写HAZOP分析报告。

3. 工艺工程师

由有经验的工艺工程师担任，其职责是：

（1）负责介绍工艺流程，解释工艺设计目的或意图，以及工艺过程可能发生的风险与采取的安全措施；

（2）配合完成装置节点的划分；

（3）确定系统和设备的工艺操作条件；

（4）根据设备的工艺条件、环境、材质和使用年限等评价失效机制的类型、敏感性和对设备的破坏程度。

4. 仪表工程师

由熟悉仪表、过程控制并具有相关经验的仪表或自控工程师担任，其职责是：

（1）配合 HAZOP 分析的进行；

（2）负责提供工艺控制方面的信息；

（3）负责审查 HAZOP 分析提出的工艺控制措施，并提供相应的改进措施。

5. 设备工程师

由熟悉化工设备、压力容器、管道并具有相关经验的设备工程师担任，其职责是：

（1）确定设备的条件数据和历史数据，条件数据包括设计的条件和现在的条件，这些信息通常在设备检测和维护文件中，如果不能获得这些条件数据，应与检测员/检测专家、材料和防腐专家共同预测现在的条件；

（2）提供装置和设备有关的设计数据和规范；

（3）提供对必要的历史检测数据的比较；

（4）从设备的角度，分析偏差产生的原因和后果，以及对应的控制措施等。

二、确定分析范围和目标

分析范围和目标是互相依存的，应结合起来分析。在 HAZOP 分析筹备阶段，必须对二者进行明确规定，以确保：

（1）能确定系统边界与其他系统和环境的交叉区域；

（2）分析小组的目标比较集中，不会误入与目标无关的区域。

（一）分析范围

分析范围取决于多种因素，包括：

（1）系统本身的物理界限；

（2）可获得的有关设计资料的数量和详细程度；

（3）以往进行安全评价划定的分析范围，无论 HAZOP 分析还是其他有关的分析，都可以考虑采用；

（4）相关的法律、法规要求。

（二）分析目标

一般来说，HAZOP 分析就是设法找出所有的危险和操作问题。若将 HAZOP 分析严格集中于危害识别，将会使分析工作效率更高。当定义分析目标时，应考虑如下因素：

（1）分析结果的主要用途；
（2）所需要做的 HAZOP 分析处于哪个阶段；
（3）可能处于危险中的人或财产，比如员工、公众、环境和其他系统等；
（4）可操作性的问题，包括对产品质量的影响；
（5）关于安全性和可操作性方面相关的标准。

三、资料收集与准备

HAZOP 分析是对装置工艺过程本身进行非常精确的描述和审查，需要建立在完善、准确的工艺信息基础上，没有这些工艺信息资料的支持，即使 HAZOP 分析小组的成员素质很高，也不会得到高质量的 HAZOP 分析报告，从而无法完成预定的 HAZOP 分析。

（一）新、改、扩建项目

对于新、改、扩建项目，开展初步设计阶段的 HAZOP 分析所需工艺信息资料必须满足国家和行业设计相关标准的要求。这些资料应包括以下几类。

（1）物料危害数据资料，包括：
①所有物料的危险化学品安全技术说明书；
②可能产生的各种主要危害及对应的防护措施清单。
（2）工艺设计资料，包括：
①工程设计基础资料；
②装置的工艺物料平衡图（PFD 图）；
③装置的 PID 图；
④装置的工艺流程说明和工艺技术路线的说明；
⑤对设计所依据的各项标准或引用资料的说明；
⑥装置的平面布置图；
⑦爆炸危险区域划分图；
⑧废弃物的处理说明；
⑨排污放空系统及公用工程系统的设计依据及说明；
⑩管道系统图；
⑪安全阀的计算书和相关文件。
（3）设备设计资料，包括：
①设备设计的基础资料，包括设计依据、制造标准、设备结构图、安装图及操作维护手册或说明书等；
②设备数据表，包括设计温度、设计压力、制造材质、壁厚、腐蚀余量等设计参数；
③设备的平面布置图。
（4）自控及电气设计资料，包括：
①自控系统的联锁控制逻辑图及说明文件；
②紧急停车系统（ESD）的因果关系图；
③电信号单线图；

④消防系统的设计依据及说明；

⑤控制阀的计算书和相关文件；

⑥安全设施资料，包括安全检测仪器、消防设施、防雷防静电设施、安全防护用具等的相关资料和文件。

（5）相关的技术协议。

（二）在役装置

对在役生产装置开展 HAZOP 分析，除上述新、改、扩建项目的资料外，还需要如下资料：

（1）装置历次安全评价报告；

（2）相关的技改和检、维修记录；

（3）装置历次事故记录及调查报告；

（4）装置的现行操作规程和规章制度；

（5）其他资料。

装置在运行过程中，由于可能发生工艺或设备变更，而收集的资料可能存在缺项，这就要求分析小组必须确认相关的技术资料与装置实际情况的符合性。

第二节　HAZOP 分析程序

一、HAZOP 预分析

（一）资料整理

对前期收集的资料进行综合整理，若发现遗漏的资料，应协调和补充完整。确认资料收集完成后，在进行 HAZOP 预分析会议前将整理的资料分发到分析小组的每个成员手中。

（二）预分析

小组成员在已获得技术资料的基础上，在小范围内分析研究系统设计意图，特别是对在役装置的分析。通过对资料的预分析，可以对分析对象的工艺流程和物料传递过程发生的物理或化学变化状态有一个初步了解，初步掌握系统中的重要或关键环节，并据此核实收集的资料是否充分，相关的计算分析手段是否需要补充，参与正式 HAZOP 分析的专业技术人员配置是否需要补充或调整。

HAZOP 分析成果的质量依赖于对设计意图理解的完整、充分和准确，因此，对目标系统的设计意图进行详细的预分析是非常有必要的，并且在准备相关技术资料时应该谨慎细致。如果 HAZOP 分析对象是在役装置，应注意将装置运行过程中做过的任何修改都在设计意图的陈述中表述出来。

二、HAZOP 培训

在 HAZOP 正式会议开始前，分析小组组长负责对参与 HAZOP 分析的小组成员进行

HAZOP 培训，使小组成员明确自己在团队中的角色和职责，并掌握分析过程中本专业需侧重考虑的问题。培训内容包括：

（1）HAZOP 分析原理、准则和流程。

（2）HAZOP 风险评估（针对风险矩阵）原理及所采用的 HAZOP 分析方法的介绍。

（3）HAZOP 工作组的组成和职责。

（4）资料收集、整理情况。

（5）本次 HAZOP 分析概述，包括分析范围、目标和日程安排等。

三、分析流程

为了让分析过程有条不紊，HAZOP 小组组长应该在分析会议开始之前制定详细的计划，根据特定的分析对象确定最佳的分析程序。

HAZOP 分析是一种结构化的技术，遵从一种既定的有规律的逻辑序列。在进行 HAZOP 分析时，应沿着与分析目标相关的方向，追踪一个从投入至产出的逻辑序列。值得注意的是，在确定偏差时有两种可能的分析流程，即“引导词优先”和“参数优先”。二者的不同之处在于，参数优先法是将节点内每一个参数轮流设置为第一个引导词、第二个引导词……直到节点内所有参数和引导词都分析完后再进入下一个节点的分析；而引导词优先法则是将节点内每一个引导词轮流设置为第一个参数、第二个参数……直到节点内所有参数和引导词都分析完后再进入下一个节点的分析。两种方法的 HAZOP 分析流程分别如图3－1、图 3－2 所示。

参数优先法和引导词优先法各有优缺点，分析小组在分析过程中应根据具体情况选用。

（一）确定分析范围

HAZOP 分析的对象和范围必须清楚明确，通常由新建项目负责人或在役装置负责人确定。

（二）划分节点

为了有效地进行 HAZOP 分析，将分析对象划分为若干便于分析的节点。节点的划分一般按工艺流程进行，主要考虑单元的目的与功能、单元的物料、合理的隔离/切断点、划分方法的一致性等因素。

连续工艺一般可将主要设备作为单独节点，也可以根据工艺介质性质的情况划分节点，工艺介质主要性质保持一致的，可作为一个节点。节点划分不宜过小，节点过小重复讨论过多，影响分析效率；也不宜过大，节点过大容易出现遗漏与分析不全。

HAZOP 分析节点一般由小组组长在会前进行初步划分，具体划分时与分析小组成员讨论确定。

（三）选择并描述节点且确定设计意图

选择划分好的一个节点，将节点的序号及范围填写入记录表。由熟悉该节点的设计人员或装置工艺技术人员对该节点的设计意图进行描述，包括对工艺和设备设计参数、物料危险性、控制过程、理想工况等进行详细说明，确保小组中的每一个成员都知道设计意图。

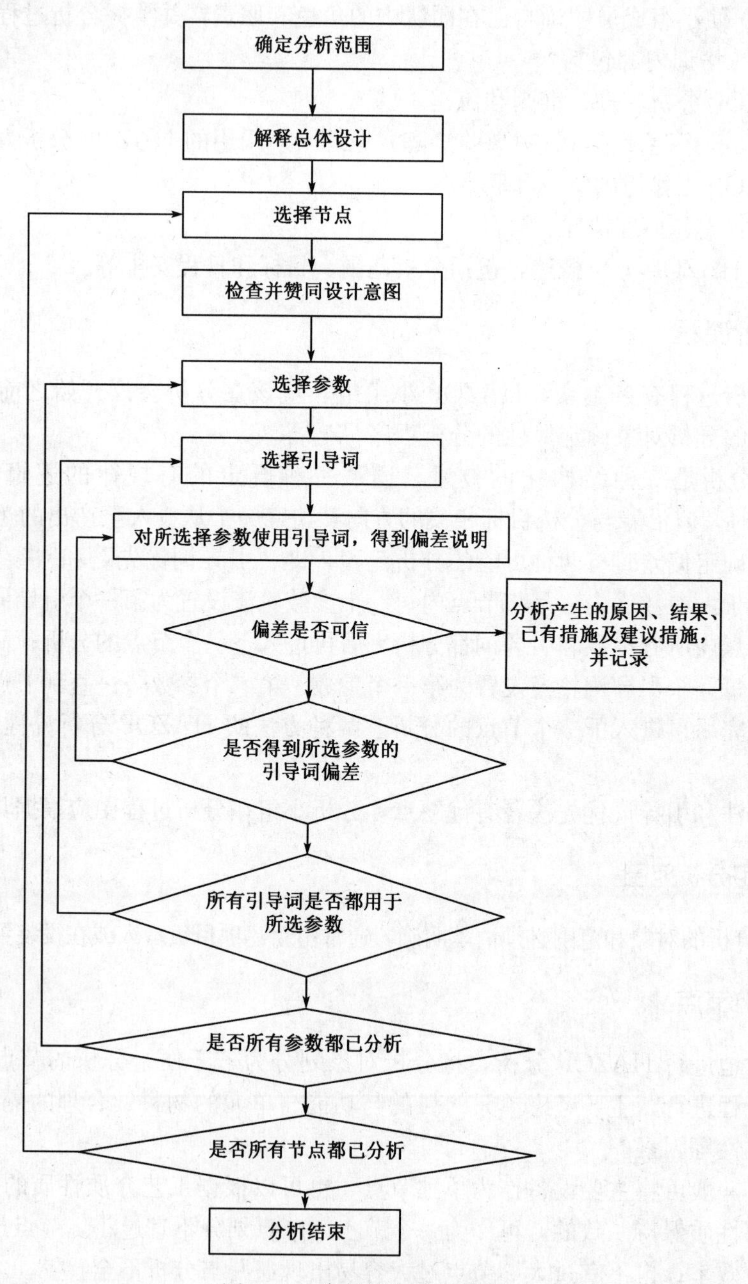

图 3-1　参数优先分析流程

(四) 确定偏差

在 HAZOP 分析中可先以一个具体参数为基准，将所有的引导词与之相组合，逐一确定偏差进行分析；也可以一个具体引导词为基准，将所有的参数与之相组合，逐一确定偏差进行分析。

在具体项目 HAZOP 分析过程中，偏差的选用由分析小组根据分析对象和目的确定。

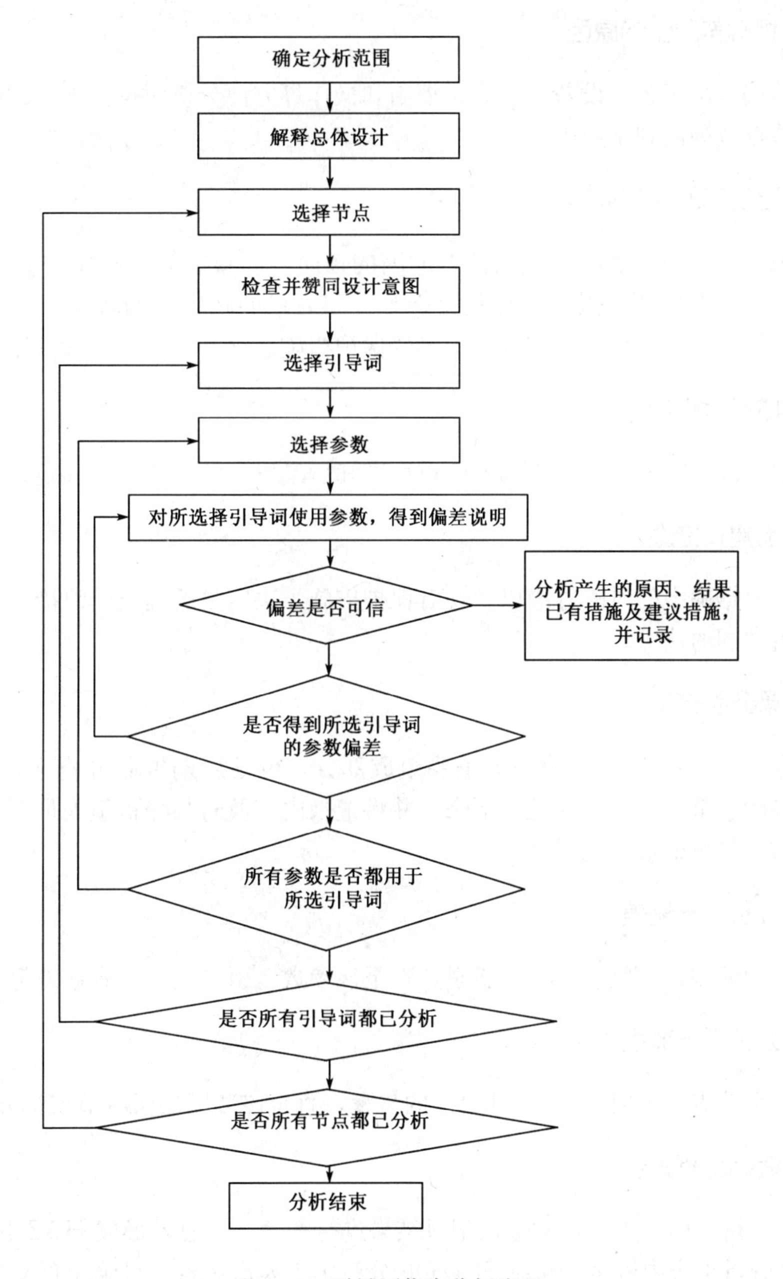

图 3-2 引导词优先分析流程

（五）分析偏差导致的后果

分析小组对选定的偏差分析讨论它可能引起的后果，包括对人员、财产和环境的影响。后果指的是不考虑任何已有的安全保护措施（如安全阀、联锁、报警、紧停按钮、放空等），以及相关的管理措施（如作业票制度、巡检等）情况下的最坏后果。讨论后果时，不应局限在本节点之内，应同时考虑该偏差对上游和下游的影响。

（六）分析偏差产生的原因

对选定的偏差从工艺、设备、仪表、控制和操作等方面分析讨论其发生的所有原因，原则上应在本节点范围内列举原因。

（七）列出现有的保护措施

在考虑现有的保护措施时，应从偏差原因的预防（如仪表和设备维护、静电接地等）、偏差的检测（如参数监测、报警、化验分析等）和后果的减轻（如联锁、安全阀、消防设施、应急预案等）三个方面进行识别。记录的保护措施必须是现有并实际投用或执行的。

（八）评估风险等级

根据企业的风险矩阵，评估后果的严重程度和后果发生的可能性，确定风险等级。

（九）提出建议措施

分析小组根据确定的风险等级以及现有保护措施，决定是否提出建议措施，建议措施应得到整个小组共同的认可。

（十）记录分析结果

分析记录是 HAZOP 分析的一个重要组成部分，也是后期编制分析报告的直接依据。小组秘书应将所有重要意见全部记录下来，并将记录内容及时与分析组人员沟通，以避免遗漏和理解偏离。分析记录表见附录 A。

（十一）分析下一偏差

选择下一个偏差，重复 5～10 的步骤，直至该参数（引导词）所有偏差都分析完毕。

（十二）分析下一节点

选择下一个节点，重复（3）～（11）的步骤，直至该装置的所有节点都分析完毕。

（十三）编制分析报告

HAZOP 分析工作结束后，对会议记录结果进行整理、汇总，形成 HAZOP 分析报告。

HAZOP 分析报告内容至少包括 HAZOP 分析小组人员信息、目录、正文和附件。其中正文至少应包括以下内容：概述、工艺描述、技术资料、风险标准说明、节点信息、方法及分析人员说明、分析结论。附件包括分析记录表（格式建议参照第二章表 2-6，和建议措施表（格式建议参照表 3-1）。

表 3-1　HAZOP 分析建议措施表

编号	节点	原因	后果	现有保护措施	风险等级	建议措施	责任单位	采纳情况
1								

续表

编号	节点	原因	后果	现有保护措施	风险等级	建议措施	责任单位	采纳情况
2								
3								
4								
5								
…								

（十四）沟通和交流

在 HAZOP 分析结束后，分析小组应将 HAZOP 分析报告初稿提交委托方进行沟通和交流，向委托方说明整个 HAZOP 分析过程和所提出建议措施的依据，征询委托方的意见，并对 HAZOP 分析报告初稿进行进一步的修改、完善。

（十五）评审

HAZOP 分析报告初稿修改完善后，项目委托方应组织 HAZOP 分析报告评审会，评审的主要内容包括：

（1）分析小组人员组成是否合理；

（2）分析所用技术资料的完整性和准确性；

（3）分析方法的应用是否正确，包括节点的划分、偏差的选用、形成偏差的原因分析、偏差导致的后果分析、现有保护措施的识别、风险分析和风险等级，以及建议措施的明确性与合理性等内容。

（4）分析报告的准确性和可理解程度。

（十六）建议措施的跟踪

委托方应根据 Q/SY 1364—2011《危险与可操作性分析技术指南》标准的要求，对 HAZOP 分析报告中提出的建议措施进行进一步的评估，根据风险管理的最低合理可行原则和可接受风险要求，做出书面回复，对每条具体建议措施的选择可采用完全接受、修改后接受或拒绝接受的形式。

出现以下条件之一，可以拒绝接受建议：

（1）建议所依据的资料是错误的；

（2）建议对于保护环境、保护员工和承包商的安全和健康不是必需的；

（3）另有更有效、更经济的方法可供选择；

（4）建议在技术上是不可行的。

如果采取另一种解决方案或者改变建议预定完成日期，或者取消建议等，应形成文件并备案。

第三节　HAZOP分析主持人技巧

前面已经介绍了HAZOP分析主要采用工作会议的方式：即不同专业、背景的人在一起，采用“头脑风暴”方式，通过充分的沟通、启发、碰撞，完善彼此的想法，对所有可能出现的危害和操作问题最终得到共识。因此，如何保持HAZOP分析小组的有序、高效进行，HAZOP分析主持人起着至关重要的作用。HAZOP分析主持人的重要性还体现在：

（1）HAZOP分析是个技术性较强的分析方法；

（2）分析小组在一开始也即关键时候需要主持人用一些技术问题“推一把”；

（3）主持人需要时刻注意小组是否掉入了走形式、单调重复（缺乏思考和创造性）或其他常见的小组讨论的误区。

因此，对HAZOP分析师及小组组长（主持人）提出了较高的要求：HAZOP分析师应具有5年及以上工艺、设备、仪表、HSE等技术，以及管理、现场操作或设计的经验，并具有中级及以上技术职称；HAZOP分析小组组长应具有HAZOP分析师资格，2年及以上HAZOP分析工作经历。

通常，有效的HAZOP分析会议都有以下特点：

（1）对分析范围的统一认识；

（2）对分析方法的统一认识；

（3）有人指挥，组长（主持人）和组员都有备而来；

（4）会场具备所有必需的专业人员，参加人员了解自己的职责任务；

（5）充分运用了在场专业人员的知识和经验；

（6）绝对没有“攻击性”情况出现；

（7）HAZOP分析方法得到高效运用，很少出现“空转”时间；

（8）除了极少数情况，分析组都能达成统一意见；

（9）分析小组全员抱有对分析结论负责的态度。

主持人在HAZOP分析中要能够控制并指导分析工作的进度和方向，创造一个“安全”的氛围，大家可以畅所欲言，从而尽其所知，使得HAZOP分析能高效、有序地开展。

下面介绍一些HAZOP分析主持人技巧，希望对HAZOP分析主持人有所启发。

一、主持人如何得到分析结论

HAZOP分析主持人可以采用下述多种方式得到分析结论：

（1）单独做出结论；

（2）采纳个别组员意见后做出结论；

（3）从小组的讨论中得到信息后做出结论；

（4）与小组达成一致同意后形成结论；

（5）由小组做出结论，主持人仅指导过程。

无疑，采用最后两种方式得出的结论质量较高，虽然会有一定的难度和困难。特别是主持人指导整个过程，由分析小组做出结论，应该成为我们每一个HAZOP分析小组追求的目标。

统一意见在 HAZOP 分析中相当重要。一般来说，这样得到的结论质量较高，而且分析小组组员对结论会更投入，并能更好地“推销”分析的结论，也不会出现不满意者，或者背后抱怨、暗地分帮结派的情况。另外，分析会议中出现对抗冲突的情况将大为减少，这样，会议气氛会更和谐，能够实现多赢局面。

二、主持人角色的演变

主持人在 HAZOP 分析中，其扮演的角色应该如图 3-3 所示，首先是 HAZOP 分析方法的培训者，然后是分析团队的建设者、辅导者，最后是 HAZOP 分析报告的编辑者。

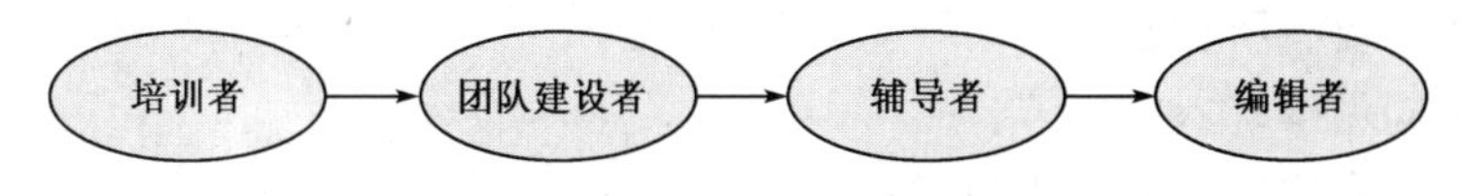

图 3-3 主持人角色的演变

下面就主持人各个角色的职责分别介绍如下。

1. 培训者角色

(1) 注重对队员进行分析方法的培训；
(2) 解释会议纪律，可能的话让队员参与制定纪律；
(3) 解释主持人的作用；
(4) 在开始时给出技术建议，以便将小组引导入正确的 HAZOP 分析轨道；
(5) 将技术建议以问题的形式提出。

2. 建设者角色

(1) 分析原因时挨个征询，让每个人都养成贡献想法的习惯；
(2) 针对当前的问题，直接向小组内有相关专业知识的人征询看法和见解；
(3) 向组员直接提问，鼓励参与精神（如：李工，你看还有什么其他的后果吗?）；
(4) 如果有必要，邀请组员进一步解释他们的看法；
(5) 制止任何负面攻击（开始时可以是含蓄地制止），以便创造“安全”的气氛。

3. 辅导者角色

(1) 不要自己评价他人的见解，让小组来做；
(2) 不要滥用主持人的权力；
(3) 保持小组的精力和干劲；
(4) 用白板记下记录员没有记下的问题；
(5) 尽量保持中立；
(6) 对付难对付的“刺头”。

4. 编辑者角色

(1) 尊重事实并充分考虑实际情况；
(2) 清晰、完整地描述和记录；
(3) 准确的逻辑关系；
(4) 对结论描述与记录达成共识；

(5) 尊重用户的语言用词（俗语）的习惯。

三、一些常用的会议纪律

HAZOP分析是一个相对繁琐、枯燥、艰苦的工作，为了保证分析会议有计划地顺利进行，必要的会议纪律是需要的：

(1) 准时开始、准时结束；

(2) 会议室内不分资格和级别；

(3) 能对问题提出任何看法和意见都是好的；

(4) 每个人都要有所贡献；

(5) 欢迎不同见解；

(6) 可以提出看法但不要陷入争辩；

(7) 请听取他人的看法和见解；

(8) 不要为了保持“和谐”气氛而改变自己的意见；

(9) 不实行少数服从多数制，寻求的是一致的意见；

(10) 不要在会上进行设计工作；

(11) 需要休息时请提出。

同时，主持人需要采取措施，保持小组的精力和干劲，例如：

(1) 起身并在会议室内走动；

(2) 保持HAZOP分析的速度和节奏；

(3) 点名让组员回答问题，如“张工，请教有什么防护措施”；

(4) 如果讨论陷入僵局，绕会议室兜一圈，集中每个人的注意力，然后总结讨论的要点；

(5) 尽量避免打断任何人的发言；

(6) 突出进展，达到进度要求时奖励小组；

(7) 保持幽默感。

四、主持技巧

在HAZOP分析中，作为一名主持人，有如下6个方面的技巧，见图3-4，主持人可在实际工作中慢慢体会、摸索、积累经验。

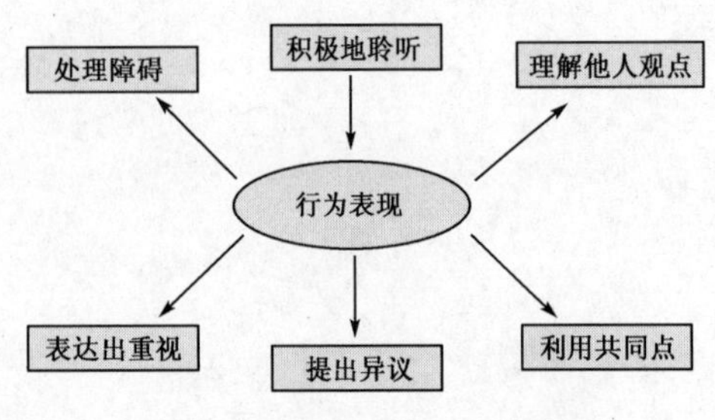

图3-4　成功主持的6个技巧

(一) 积极地聆听

聆听的技巧需要你的注意力和精神完全集中，从而达到两个目的：

(1) 自己完全理解发言者的内容；

(2) 让发言者明白你已经完全理解他说的内容。

展示积极聆听有3个方法：集中所有精神、复述、小结。

1. 集中所有精神

集中所有精神听别人的发言可以让他人感觉到
你的尊重和鼓励，从而更愿意为分析活动贡献自己的经验和知识。

2. 复述

用你自己的语言复述他人的发言，表示你刚才在仔细听，同时也是在核对你对他人发言的理解。例如："你的意思是?"、"也就是说，你认为……"、"这么说来，你不怎么认同。"

3. 小结

和复述一样，小结是对别人发言的主要内容的总结和确认。例如："刚才的讨论，我觉得好像主要有这么几点……"、"我总结一下，大家听听……"、"你说的问题，应该是这几个方面……"

（二）理解他人观点

理解他人的观点，主要体现在理解了以下几方面：
(1) 指的是更深入地理解和掌握他人的观点和关心的地方；
(2) 这是什么时候出现的情况?
(3) 怎么发生的?
(4) 为什么这么说呢?

（三）利用共同点

利用共同点是指本着存异求同的目的，建立和组员的共同利益、观点和意见。

建立共同点有3个步骤：

1. 表现出坦率的态度

就当前的问题，将自己知道的信息、自己的观点和感觉与大家分享，创造一个互信的气氛。例如："关于这个问题，我所知道的是……"、"在我的工厂也有这样的情况，我的感觉是……"。

2. 找到大家都同意的部分

一旦得到认可，不要停留在这里，而是继续以此为基础，寻求在其他方面的一致意见。

3. 讨论处理分歧

以前面的互信和意见一致的地方为基础，讨论处理分歧。例如："看来你不同意这点，你能再解释下让我们更好地理解你的理由吗?"

（四）提出异议

提出异议，有两个作用：一是推动分析会议进程；二是考验他人观点的严密性。

1. 推动会议进程

在HAZOP分析过程中，组长必须提醒组员注意：时间和其他的限制条件、分析的目的、个人的感情色彩。例如：

"我得提醒大家，现在只有10分钟了，而我们的目标是……"、

"我知道你不同意这点，这样，我们先记下来，回头再讨论。"、

"我想我们都是为了提高项目安全水平的目的来参加这个会议的……"。

2. 考验他人观点的严密性

有时需要考验一些意见的假设条件是否成立，或对他人的观点提出质疑，以便让他们的发言和观点更具有建设性。例如：

"为什么你会这么说?"、"这个数据是从哪里来的?"。

但要注意的是，提出异议时不要咄咄逼人。

（五）表达出重视

表达你的重视包括"认可"和"赞扬"，表达出重视能鼓励大家踊跃发言，尽其所知，也可让其他人以此为基础，将讨论进一步深入。

要成功表达出你的重视，需要通过语言传达出诚意，表现出真诚的兴趣。例如："这一点提得很好，能给我们说个例子吗?"、"能具体解释一下吗？我很想知道。"

（六）处理障碍

在分析会议中，组长（主持人）难免会碰到持反对意见或消极对抗的组员。处理这种情况的三部曲：尊重和重视不同意见；弄清反对理由；探讨问题。处理障碍重要的是要保持冷静和正面积极的态度，例如："你这么说肯定有你的理由"、"谢谢，任何意见都是好的"、"你的意思是?"、"我想知道为什么这么说呢?"、"这点我们要搞清楚，首先……"、"大家对这个问题谁有经验?"

另外，对于不同性格的人，要用不同的方法区别对待。

1. 态度积极型

这种人能给团队行动带来积极有建设性的气氛。利用这种态度去感染其他组员，在队伍里维持这种态度。

2. 喜欢讥讽、不以为然型

这种人往往孤僻消极。留意他们提出的观点，试着用你的重视和尊重来化解他们的讥讽、不以为然的态度。

3. 好胜型

这种人喜欢富有激情地和别人辩论自己的观点，这种人的存在可能会压制其他人的发言空间和积极性。遇到这种情况，先让这类人发表完他的意见，随后马上调动其他人。

4. 静如处子型

通过点名提问让不爱发言的组员参与到讨论中，并用积极聆听和表达重视的手段鼓励他们的继续参与。注意观察他们对别人观点意见的反应，如果有的话，及时询问他们的意见。

5. "刺头"型

这里说的"刺头"是在HAZOP分析中遇到的消极对抗的组员。"刺头"处理不好，有

可能造成分析团队的对抗、内耗，严重影响项目进度，因此，主持人应认真对待。

——开始时，暂且不怀疑他们的动机，不理会；

——对视；

——向他的方向走去，然后站住；

——先表示听到他的意见，然后转身走开，同时叫其他人发言；

——站在他的身后和其他人保持对话；

——在会上面对面处理；

——在会外面对面处理；

——请他离开。

五、如何让 HAZOP 分析快速推进

为了使 HAZOP 分析快速推进，在后勤准备方面，主持人可以采用如下措施：

——把会议搬离生产地点；

——杜绝电话干扰；

——谢绝访客；

——准时开始；

——经常休息；

——安排舒适的会议室；

——会议室内有所有的资料；

——会议室内有所有需要的专业人员。

为了让 HAZOP 分析快速推进，主持人要对小组成员进行充分的 HAZOP 方法培训；在分析时，开始的节点简单容易，然后慢慢扩大节点规模直到合理的极限；尽可能删除重复的原因，集中普遍存在的问题，在报告的一般意见中讨论。

另外，在实际工作中，主持人还有一些可利用的小窍门。当需要将大家注意力重新集中到当前问题时，可以走到会议室的中间或走到记录员身边，然后总结一下；经常和所有组员保持眼神交流，不要回答问题或直接对别人的看法进行回应，将问题还给小组；在合适的时机及时切入，推动分析的节奏，如“谢谢李工！王工，你对后果还有什么补充吗?”；同时主持人一定要注意肢体语言，避免负面意义的肢体语言，例如在组员发言时翻白眼或耸肩，或无意中背对着某人等。

第四章　天然气净化厂主要风险

第一节　天然气净化工艺简述

从地层中开采出的天然气往往含有砂粒、铁锈等固体杂质，以及水、水蒸气、硫化物和CO_2等有害物质。因此，天然气输送到用户之前必须经过净化处理，以除去上述有害组分。

天然气净化厂主要工艺装置包括：过滤分离装置、脱硫脱碳装置、脱水装置、轻烃回收装置、硫黄回收装置、尾气处理装置等；生产辅助设施包括：硫黄成型装置、火炬及放空系统、污水处理装置；公用工程设施包括：给排水系统、消防系统、循环水系统、供热系统、供配电系统、通信系统、空氮站、燃料气系统、通风系统、全厂工艺及热力系统等。

当前工业上常用的天然气脱硫工艺大体上可以分为三大类：以醇胺法为代表的溶剂吸收法工艺、氧化还原法工艺和固体氧化铁法工艺。后两种工艺受溶剂硫容量、装置规模（或硫黄回收量）、操作压力、溶剂价格和环境影响等诸多条件的限制，多用于中低潜硫量的天然气脱硫，且应用较少。因此，天然气脱硫主要以醇胺法为代表的溶剂吸收法为主。硫黄回收多采用克劳斯法及克劳斯延伸类工艺。尾气处理主要采用SCOT法。

典型的天然气净化工艺如下：来自井口压力高达几十兆帕的原料天然气，经过集输站场进行初级气液分离、调压、配气，将减压至几兆帕的原料天然气输至天然气净化处理厂。原料天然气经过滤分离装置使气液两相分离，脱出重烃、水和固体杂质；气相物料进入以各类醇胺溶液为主要工艺介质的脱硫脱碳装置，脱除H_2S和CO_2；含轻烃和水的天然气进入脱水装置，主要脱除水分，脱水工艺介质主要采用三甘醇（TEG）或分子筛；脱水后干气根据产品气烃露点的要求输往下游或进入脱烃装置进行烃露点控制，脱烃主要采用压缩/膨胀制冷工艺；经处理的净化天然气达到GB 17820—2012《天然气》标准要求后管输给用户，过滤分离器和脱烃装置产生的凝析油进入凝析油回收与稳定装置。

脱硫脱碳装置的醇胺富液需要从高压减至低压，然后加热至100℃以上再生循环使用。脱水装置的三甘醇同样需要加热至200℃以上再生循环使用。从醇胺富液再生析出的酸气，H_2S含量较高，是天然气净化过程中的主要中间有毒产物，需在硫黄回收装置中燃烧至近1000℃变成高温过程气，过程气经多级冷凝、再热、反应析出液态硫，最终变成固态硫产品。

第二节　工艺过程主要有害物质和危害

一、主要有害物质

天然气净化厂涉及的主要有害物质包括天然气（主要成分CH_4）、硫化氢（H_2S）、二氧化硫（SO_2）、二氧化碳（CO_2）、丙烷（C_3H_8）、丁烷（C_4H_{10}）、汞（Hg）、凝析油、氮气

(N_2)、硫黄及硫黄粉尘（S)、硫化亚铁（FeS)、甲基二乙醇胺（MDEA)、三甘醇（TEG)、腐蚀性介质等。

根据国家标准GB 50183—2004《石油天然气工程设计防火规范》、GB 50016—2006《建筑设计防火规范》，对天然气净化厂涉及的主要有害物质的火灾危险性进行分类，见表4-1。

表4-1　物质的火灾危险性分类

物质名称	自燃点,℃	爆炸极限%（体积分数）	火灾危险特征	主要相关工艺	火灾危险性类别
甲　烷	484	5～15	易燃气体	脱硫、脱水等	甲B类
硫化氢	246	4.3～46	易燃、易爆、有毒气体	脱硫、硫黄回收等	甲B类
二氧化硫	—	—	有毒气体	硫黄回收、尾气灼烧、放空等	乙类
硫黄及粉尘	232	—	易燃固体	储存、成型、包装等	乙B类
硫化亚铁	常温（干燥）	—	易氧化自燃	管线、分离器、脱硫、硫黄回收等	乙类
甲基二乙醇胺	662	1.6～11.9	可燃液体	储罐、脱硫等	丙A类
三甘醇	412	0.9～9.2	易燃液体	储罐、脱水等	丙B类

（一）天然气

天然气中各主要烃组分基本性质见表4-2。

作为天然气中主要物质的甲烷，GB 13690—2009《化学品分类和危险性公示通则》将其列入气相爆炸性物质，其爆炸极限为5%～15%（体积分数）；GB 50183—2004《石油天然气工程设计防火规范》将使用或产生甲烷（CH_4）的生产列为甲B类火灾危险性生产。

甲烷在空气中浓度达到10%（体积分数）时，就使人感到氧气不足；当空气中甲烷浓度达到25%～30%（体积分数）时，可引起头痛、头晕、注意力不集中、呼吸和心跳加速、精细动作障碍等；当空气中甲烷浓度达到30%（体积分数）以上时，可能会因缺氧窒息、昏迷等。

表4-2　天然气中各主要烃组分基本性质

项目 \ 组分	甲烷	乙烷	丙烷	正丁烷	异丁烷	其他
	CH_4	C_2H_6	C_3H_8	C_4H_{10}	$i-C_4H_{10}$	C_5-C_{11}
密度，kg/m^3	0.72	1.36	2.01	2.71	2.71	3.45
爆炸上限,%（体积分数）	5.0	2.9	2.1	1.8	1.8	1.4
爆炸下限,%（体积分数）	15.0	13.0	9.5	8.4	8.4	8.3
自燃点,℃	645	530	510	490	—	—
理论燃烧温度,℃	1830	2020	2043	2057	2057	—
燃烧$1m^3$需空气量，m^3	9.54	16.7	23.9	31.02	31.02	38.18
最大火焰传播速度，m/s	0.67	0.86	0.82	0.82	—	—

（二）硫化氢

硫化氢为强烈的神经性毒物，对黏膜有强烈的刺激作用。另外硫化氢还是爆炸性气体，其爆炸极限范围为4.3%～46%（体积分数）。

我国规定几乎所有工作人员长期暴露都不会产生不利影响的硫化氢最大质量浓度（阈限值）为15mg/m³（10ppm）。

工作人员露天安全工作8h可接受的硫化氢最高质量浓度（安全临界浓度）为30mg/m³（20ppm）。

对工作人员生命和健康产生不可逆转的或延迟性的影响的H_2S质量浓度（危险临界浓度）为150mg/m³（100ppm）。

不同质量浓度的H_2S对人的生理影响及危害见表4－3。

表4－3　H_2S对人的生理影响及危害

在空气中的浓度			暴露于H_2S的典型特性
%（体积分数）	ppm	mg/m³	
0.000013	0.13	0.18	通常，在大气中H_2S含量为0.195mg/m³（0.13ppm）时，有明显和令人讨厌的气味；在大气中H_2S含量为6.9mg/m³（4.6ppm）时，气味就相当显而易见；随着浓度的增加，嗅觉就会疲劳，H_2S气体不再能通过气味来辨别
0.001	10	15	有令人讨厌的气味，眼睛可能受刺激。该浓度是美国政府工业卫生专家协会推荐的阈限值（8h加权平均值），也是我国规定几乎所有工作人员长期暴露都不会产生不利影响的最大H_2S浓度
0.0015	15	21.61	美国政府工业卫生专家协会推荐的15min短期暴露范围平均值
0.002	20	30	在该浓度下暴露1h或更长时间后，眼睛有烧灼感，呼吸道受到刺激。这是美国职业安全和健康局的可接受上限值，也是我国规定的工作人员露天安全工作8h可接受的H_2S最高浓度
0.005	50	72.07	在该浓度下暴露15min或15min以上，嗅觉会丧失；如果时间超过1h，可能导致头痛、头晕和（或）摇晃，会出现肺水肿，也会对人员的眼睛产生严重刺激或伤害
0.01	100	150	3～15min就会出现咳嗽、眼睛受刺激和失去嗅觉；超过20min后，呼吸就会变样，眼睛会疼痛并昏昏欲睡；在1h后会刺激喉道。延长暴露时间将逐渐加重这些症状。这是我国规定对工作人员生命和健康产生不可逆转的或延迟性的影响的硫化氢浓度
0.03	300	432.40	明显的结膜炎和呼吸道刺激。 注：此浓度定为立即危害生命或健康的浓度，参见（美国）国家职业安全和健康学会DHHSNo85－114《化学危险袖珍指南》
0.05	500	720.49	短期暴露后就会不省人事，如不迅速处理就会停止呼吸。患者需要迅速进行人工呼吸和（或）心肺复苏技术
0.07	700	1008.55	意识快速丧失，如果不迅速营救，呼吸就会停止并导致死亡。必须立即采取人工呼吸和（或）心肺复苏技术
0.10⁺	1000⁺	1440.98⁺	立即丧失知觉，结果将会产生永久性的脑伤害或脑死亡。必须迅速进行营救，应用人工呼吸和（或）心肺复苏

（三）二氧化硫

硫黄回收装置的尾气中含少量的二氧化硫，过程气中二氧化硫含量更高，特别是废热锅炉与反应器之间的过程气，火炬放空燃烧也会排放二氧化硫。

SO_2 对人的生理影响见表 4-4。

表 4-4 SO_2 对人的生理影响

在空气中的浓度			暴露于 SO_2 的典型特性
%（体积分数）	ppm	mg/m^3	
0.0001	1	2.71	具有刺激性气味，可能引起呼吸改变
0.0002	2	5.4	我国规定的阈限值
0.0005	5	13.50	灼伤眼睛，刺激呼吸，对嗓子有较小的刺激
0.0012	12	32.49	刺激嗓子咳嗽，胸腔收缩，流眼泪和恶心
0.010	100	271.00	对生命和健康产生危险的浓度
0.015	150	406.35	产生强烈的刺激，只能忍受几分钟
0.05	500	1354.50	即使吸入一口，就产生窒息感。应立即救治，提供人工呼吸或心肺复苏技术
0.10	1000	2708.99	危及生命，如不立即救治会导致死亡，应马上进行人工呼吸或心肺复苏

（四）二氧化碳

二氧化碳没有毒性，但它会令人窒息。当空气中二氧化碳含量达 1%（体积分数）时，对人体就有害处；达到 4%～5%（体积分数）时，会使人感到气喘、头痛、眩晕；达到 10%（体积分数）时，会不省人事，呼吸停止，导致死亡。

（五）丙烷

丙烷具有单纯性窒息及麻醉作用。人短暂接触 1%丙烷，不引起症状；10%（体积分数）以下的浓度，只引起轻度头晕；接触高浓度丙烷时可出现麻醉状态、意识丧失；极高浓度时可致窒息。另外，液态丙烷汽化过程中产生低温，有低温危害。

（六）丁烷

丁烷的主要危害是麻醉和弱刺激。丁烷急性中毒时，主要表现为头痛、头晕、嗜睡、恶心、酒醉状态，严重者可出现昏迷。丁烷对人体的慢性影响有：头痛、头晕、睡眠不佳、易疲倦等症状。

（七）汞

汞又称水银，是常温下唯一的液体金属，呈银白色，易流动。汞在常温下即能挥发，汞蒸气易被墙壁或衣物吸附，常形成持续污染空气的二次汞源。汞及其化合物可通过呼吸道、皮肤或消化道等不同途径侵入人体。汞的毒性是逐渐积累的，需要很长时间才能表现出来。汞中毒以慢性为多见，主要发生在生产活动中，由于长期吸入汞蒸气或汞化合物粉尘所致，以精神—神经异常、齿龈炎、震颤为主要症状。大剂量汞蒸气吸入或汞化合物摄入即发生急性汞中毒。对汞过敏者，即使局部涂抹汞油基质制剂，亦可发生中毒。而且，汞的吸附性特别好。虽然少量吸入汞不会对身体造成太大的危害，但长期大量吸入，会造成汞中毒。汞中毒分急性和慢性两种：急性中毒有腹痛、腹泻、血尿等症状；慢性中毒主要表现为口腔发炎、肌肉震颤和精神失常等。

（八）凝析油

凝析油泄漏后容易蒸发，继而形成一种可燃气体雾，其蒸气比空气重，能在较低处扩散到相当远的地方，其组分中的重烃类物质对人脑和神经系统有中毒作用。

（九）氮气

氮气过量，使氧分压下降，会引起缺氧。氧分压为392kPa时，其症状表现为爱笑和多言，对视、听和嗅觉刺激迟钝，智力活动减弱；在980kPa时，表现为肌肉运动严重失调。

（十）硫黄及硫黄粉尘

硫黄为可燃物质，在空气中达到一定温度（自燃温度为232℃）即会自燃。

硫黄成型车间空气中硫黄粉尘容易带上静电，且高达数千伏乃至上万伏，易产生静电火花而导致硫黄粉尘爆炸，继而引发火灾。此外，撞击火花、摩擦产生的高温高热以及明火等，均可能导致硫黄粉尘爆炸和火灾。

吸入硫黄粉尘，易引起咳嗽、喉痛等症状。

（十一）硫化铁

硫化铁是一种混合物，它包括硫化亚铁（FeS）、二硫化铁（FeS_2）、三硫化二铁（Fe_2S_3）等物质，在空气中能氧化放热引起自燃。从设备或管道中清扫出来的呈疏松状的硫化铁极易与空气中的氧气发生氧化反应而产生大量的热，若产生的热量不能及时散发，温度达到自燃点时就会燃烧，继而引燃硫黄等可燃物质发生火灾，或引发可燃气体爆炸。同时，硫化铁与酸反应会释放出硫化氢。

（十二）甲基二乙醇胺

脱硫吸收溶剂甲基二乙醇胺（MDEA）能与氧化剂及酸等剧烈反应，吸入其蒸气易引发咳嗽，直接接触易刺激皮肤，并可能产生深度灼伤等。

甲基二乙醇胺为无色或淡黄色液体，溶于水、醇、醚、酯、酮等候，其0.001mol/L的水溶液pH值为10.1，熔点－21～248℃，沸点243℃，有一定的刺激性（分解出氨气）和低中毒危险性。

（十三）三甘醇

脱水吸收剂三甘醇（TEG）为可燃物质，吸入其蒸气易引发咳嗽，长时间或反复接触可引起皮肤刺激和神经系统损伤，并可能产生深度灼伤等。

三甘醇性能指标见表4－5。

表 4-5　三甘醇性能指标

特　性	指　标	特　性	指　标
外观与性状	无色黏稠液体，有吸水性	饱和蒸气压，kPa	0.0013（20℃）
熔点，℃	−7	闪点，℃	165
沸点，℃	285	引燃温度，℃	371
相对蒸气密度（空气=1）	5.2	溶解性	可混溶于醇、苯，与水混溶，微溶于醚，不溶于石油醚

（十四）腐蚀性物质

天然气净化厂中腐蚀性介质有 H_2S、CO_2、SO_2、单质硫、甲基二乙醇胺等，对安全生产威胁性最大的腐蚀性介质是 H_2S、CO_2，一旦发生腐蚀，严重时将导致压力容器和管线开裂而酿成重大事故。

H_2S 溶于水后形成弱酸，对金属形成电化学腐蚀、氢脆和硫化物应力腐蚀开裂，以后两者为主，一般统称为氢脆破坏。

一般材料在 H_2S 水溶液中发生电化学腐蚀，生成硫化铁腐蚀产物，这种腐蚀产物具有导电性能好、氢超电势小等特点，使基体构成一个十分活跃的电池，对基体继续腐蚀。腐蚀产物和基体结合力差，易脱落，造成钢材减薄。接触湿酸气时，还会产生硫化物应力腐蚀。

根据 GB/T 20972.1—2007《石油天然气工业油气开采中用于含硫化氢环境的材料　第1部分：选择抗裂纹材料的一般原则》，如果天然气中 H_2S 分压等于或大于 0.35kPa，就可能存在硫化物应力腐蚀开裂。如果含 H_2S 介质中还含有其他腐蚀性组分，如 CO_2、Cl^-、残酸等，将促使 H_2S 对钢材的腐蚀速率大幅度增高。天然气净化厂很多设备和管道的 H_2S 分压大于 0.35kPa，因而除存在常见电化学腐蚀外，还存在硫化物应力腐蚀开裂。

二、主要危害

天然净化工艺过程中的主要危害见表 4-6。

表 4-6　天然气净化厂主要危害

生　产　场　所	爆炸危害	中毒危害	氮气窒息	噪声危害	高温危害	低温危害	电离辐射
脱硫脱碳装置	※	※	※	※	※		
脱水装置	※		※	※	※		
硫黄回收装置	※	※	※				
脱烃装置	※		※			※	
污水处理装置		※					
火炬放空区		※		※	※		
空氮站			※	※			
供水站				※			
变电所				※			※
供热系统或锅炉房	※			※	※		

备注：表中标“※”项表示相应的生产场所存在该项危害。

（一）爆炸危害

1. 火灾爆炸危害

天然气净化厂生产、处理、储存、输送的天然气，属甲类火灾危险性物质，决定了净化厂具有较大的火灾爆炸危险。虽然各生产环节均为密闭处理，但由于设备或管道阀门、法兰、一次仪表接头等因腐蚀、老化、密闭不严、误操作等造成破裂或泄漏，将导致可燃物质释放，在空气中形成爆炸性气体，一旦遇到火源即可引发火灾爆炸事故。作业场所中点火源可能存在的主要形式有：明火、电火花、静电、雷电、摩擦火花、化学能聚集的日光或射线、高能量等。

2. 超压物理爆炸危害

天然气净化厂处理介质压力较高，压力容器及压力管道由于生产失控、误操作等原因造成超温超压，在泄压装置同时失效情况下，可能引发物理性爆炸。其主要危害形式为冲击波，对一定范围内的人员和设备的潜在威胁较大，还可能造成二次事故发生。

（二）中毒危害

中毒危害主要来源于输送和处理的物料：天然气、H_2S 以及具有一定毒性的缓蚀剂。另外，进入有限空间内作业，若未能进行充分置换，也有中毒窒息的危险。

（三）低温危害

天然气净化厂在脱烃装置多个操作部位均为低温操作，工艺气体和设备的温度都很低，操作人员一旦接触外露的低温设备和管线将会造成低温冻伤。

（四）高温危害

在天然气净化、液化单元多个操作部位均为高温操作，工艺气体和设备的温度较高，操作人员一旦接触外露的高温设备和管线将会造成高温烫伤。

（五）机械伤害

天然气净化厂转动设备较多，其旋转部件、传动件固定不劳，若防护罩失效或残缺，人体接触时存在挤压、碰撞、绞、碾等各种机械伤害的危险。

（六）高空坠落危害

脱硫脱碳装置、脱水装置以及其他所有作业平台在2m以上的设施，其巡检和作业均为高空作业，存在高空坠落的危险。另外，也存在从平地上跌入池内或坑中，从设备开口处掉入设备中等坠落现象。

（七）噪声危害

厂内汇管、空冷器及火炬放空系统等会将产生空气动力噪声，空压机组、风机及其他动力设备均发出不同强度的机械噪声或电磁噪声，影响工人身体健康。

（八）电气危害

净化厂配电装置、电气设备、电气线路等电气设施，在带电状态下，若存在漏电、绝缘失效、保护接地失效等原因，人体一旦接触或接近，轻则电击或电伤，重则会造成死亡。

（九）高压伤害

在承压设备上，如果零部件不牢或设备破坏开裂就可能导致高压介质泄漏，对人员造成伤害。

（十）触电

若动力设备、照明电器、供配电等电气设备或电气线路绝缘、安全距离、漏电保护等防护措施失效，以及违章操作等检修过程中均可导致触电事故的发生。

（十一）受限空间作业

进入受限空间作业，存在以下危险：

（1）容器内易燃易爆物质未置换完全或相连管道、容器未完全切断，使用非防爆工具时可能造成火灾、爆炸事故。

（2）有毒有害气体未经清洗置换，可能造成中毒和窒息。

（3）设备内作业时，容器或储罐等设备内氧含量不符合要求、作业时间长、容器通风不好，可能造成窒息。

（4）容器内照明和电动工具使用的电源不是安全电压、电源线破损或工具设备漏电，可能造成触电事故。

（5）进入高深容器作业，安全措施不完善，可能造成物体打击事故。

（十二）雷击

雷电是自然界中的静电放电现象，是一种自然灾害。雷云放电时，温度很高，使周围空气急剧膨胀，发出爆炸声。放电时，电流最大可达几百千安，感应过电压的幅值可达300～400kV。虽然雷击总的持续时间很短（约500ms），但危害极大，主要包括直击雷、雷电感应和雷电波侵入三种。

若站场设备、设施未按规定采取防雷、防静电保护措施，雷击将可能破坏井场建构筑物和设备设施以及造成人体点击伤害事故，并可能导致火灾爆炸事故的发生。

（十三）其他伤害

生产过程中的来往车辆可能引发交通事故。

另外，在焊接过程中，由于操作不当可能发生烫伤、电伤害和弧光刺伤眼睛等伤害，焊缝检验时还可能受到超声波和射线伤害。

如果出现停电或通信系统故障，可能对设备及管道运行带来危害。

第三节　天然气净化厂特殊危险工况

一、硫化物应力腐蚀开裂

在湿 H_2S 环境下，主要存在以下三种腐蚀：硫化物应力腐蚀开裂（SSCC）、氢致裂纹（HIC）、电化学腐蚀。其中破坏性及危害性最大的是硫化物应力腐蚀开裂。

应力腐蚀开裂（SSC）是指金属材料在特定腐蚀介质和拉应力共同作用下发生的脆性断裂。材料会在没有明显预兆的情况下突然断裂，因此应力腐蚀又称为“灾难性腐蚀”。应力腐蚀裂纹呈枯树枝状，大体上沿着垂直于拉应力的方向发展。在有 H_2S 存在条件下产生的应力腐蚀又称为硫化物应力腐蚀开裂（SSCC）。

在醇胺脱硫装置中，H_2S 与 Fe 反应时产生的原子氢能渗入钢中，并在金属晶粒与晶粒之间的边缘游弋。如果金属在晶相组织上存在缺陷，例如熔渣、空隙以及晶相的不连续处，则原子氢易于在缺陷处积集。原子氢在金属晶相组织缺陷区域积集而形成分子氢，在一定压力下占据大量空间并丧失在晶粒之间进行游弋的能力，其直接结果是导致金属内部局部区域气体压力激增，最终造成金属的开裂。

出现典型 SSCC 的设备，开裂主要发生于压力焊缝与接管焊缝的熔合线中或焊缝的热影响区，其裂纹往往始于焊缝的热影响区或邻近的母材，而终止于软母材，且大多数裂纹平行于焊缝。开裂呈穿晶型，裂纹内有硫化物存在。

基于硫化氢应力腐蚀开裂的危害，该因素应作为 HAZOP 分析重点之一。

二、水合物堵塞

（一）天然气水合物性质

天然气水合物的外观像雪或松散的冰，但与冰的结构不同。密度一般在 $0.8\sim1.0g/cm^3$ 之间。研究表明，除热膨胀、热传导和热稳定性等性质不同之外，天然气水合物的光谱性质、力学性质、传递性质等许多物理性质同冰相似。天然气水合物的一个重要特点是它不仅可以在水的正常冰点以下形成，还可以在冰点以上形成。在标准状态下，$1m^3$ 的甲烷水合物可储存 $150\sim180m^3$ 的天然气。天然气水合物遇火可燃烧，俗称“固体可燃冰”。

（二）天然气水合物的形成条件及机理

天然气水合物的形成除与天然气的组分、组成和游离水含量有关，还需要一定的热力学条件，即一定的温度和压力。概括起来讲，天然气形成水合物必须具备以下条件：

（1）具有能形成水合物的气体分子，如小分子烃类物质和 H_2S、CO_2 等酸性组分；

（2）有液态水存在，天然气温度必须低于天然气的水露点；

（3）低温，即系统温度低于水合物生成的相平衡温度；

（4）高压，即系统压力高于水合物生成的相平衡压力；

(5) 其他辅助条件，如气体流速和流向的突变产生的扰动、压力的波动和晶种的存在等。

天然气水合物的形成机理：气体和水形成水合物晶体的过程通常被看成是一个化学反应过程，即

$$M + nH_2O\text{（固、液）} = [M \cdot nH_2O]\text{（水合物）}$$

式中：M为天然气中各类烷烃，n为水合数，即水合物结构中水分子和气体分子之比。

由于水合物的生成是水合物形成气溶于水相生成固态水合物晶体的过程，因此又认为水合物形成是一个结晶过程。该过程包含成核（晶核的形成）和生长（晶核生长成水合物晶体）两个连续的步骤。晶核的形成是指水合物形成气在过饱和溶液中形成一种具有临界尺寸的、稳定的晶核。由于在物系中要产生一个新相（晶核）比较困难，因此晶核在过饱和溶液中的生成过程大多十分缓慢，一般都需要一个持续一定时间的诱导期，水合物晶核一旦生成就可以迅速生长聚集。

（三）天然气水合物成因及危害

在天然气地面集输、过滤分离、脱水、脱硫脱碳、低温分离、轻烃回收等油气处理过程中，由于受环境温度和节流降温的影响，天然气中饱和水含量、温度和压力等条件发生变化，很容易形成固体水合物，造成管线、阀门、分离器、三通、弯头、处理塔等地面设备和计量仪表发生堵塞，导致集输管线和处理设备压力升高，计量仪表无法正常读数，甚至造成管线和设备超压发生爆炸，不仅直接影响油气井及天然气处理加工设备的正常生产，而且还会造成严重的安全事故、环境污染和天然气资源浪费等问题，特别是低温分离处理。

分析形成水合物造成堵塞的原因主要有以下几方面：天然气温度低于水合物形成温度；天然气水露点较高；由于天然气节流膨胀降温效应，造成气体温度大幅降低，大大低于水合物形成温度；未采取有效的水合物堵塞防止措施或措施失当；天然气处理量超过设计负荷；大量污物堵塞造成节流降温。

天然气集输管线和处理设备一旦形成水合物堵塞，就会减少管道的流通面积，产生节流，加速水合物的形成，使水合物堵塞更加严重。天然气脱水、脱硫、脱碳、低温分离等油气处理过程中，处理装置容易发生水合物堵塞。重点部位有分离器出口、过滤器滤芯、处理塔顶部、膨胀机出口、阀门、三通、弯头等节流低温部位。

我国××气田天然气处理设备曾多次发生水合物堵塞现象。2007年冬季，××井天然气三甘醇脱水装置，由于天然气处理量高达$110 \times 10^4 m^3/d$，超过设计负荷$90 \times 10^4 m^3/d$，加上冬季气温较低，脱水装置顶部捕雾器节流降温形成水合物堵塞，造成处理装置停产和上游气井关井。

××站由于天然气中H_2S含量较高（$123g/m^3$）、气体水合物形成温度较高，造成分子筛脱水装置（$50 \times 10^4 m^3/d$）的过滤分离器形成大量水合物堵塞，无法正常生产停产。

图4-1为××气田某高含硫气井分离器水合物堵塞情况，图4-2为××站分子筛脱水装置分离器水合物堵塞情况。

图4－1　某高含硫气井分离器水合物堵塞情况

图4－2　某脱水装置分离器水合物堵塞情况

三、脱硫溶剂失效

原料气中的氧或其他杂质与醇胺反应能生成一系列酸性的盐，它们一旦生成很难再生，故称为热稳定盐。甲基二乙醇胺（MDEA）与氧反应还会生成甲基单乙醇胺、二乙醇胺和*N*，*N*′－2（2－羟乙基）甘氨酸等变质产物。甲基二乙醇胺及其配方溶液容易发生氧化变质，是因为甲基二乙醇胺分子上有易氧化的乙醇基团，其反应历程如图4－3所示。

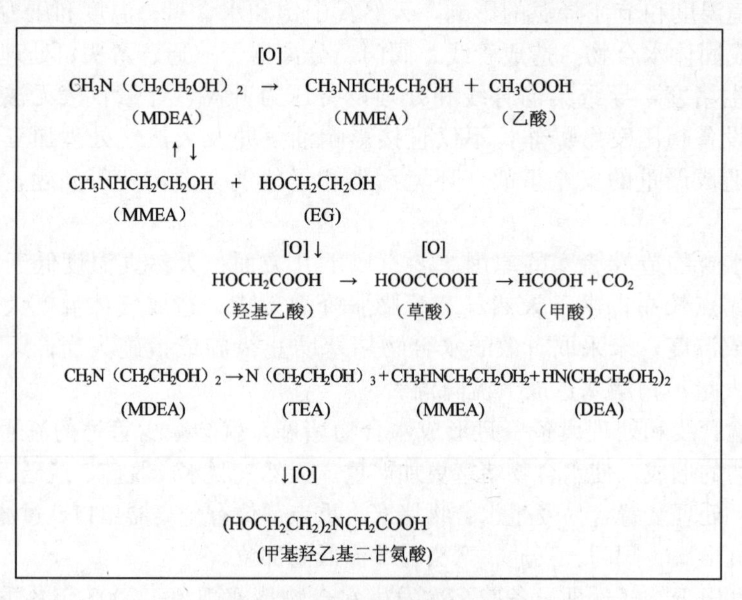

图4－3　MDEA氧化变质历程

研究结果表明，MDE溶液中热稳定盐（以酸根离子计）含量低于1.0%（质量分数）时，不仅不会降低溶液的脱硫效率，反而能提高H_2S净化度；但热稳定盐高于2.0%（质量分数）后，不仅会降低H_2S净化度，还会影响脱硫装置的平稳运行。而CO_2脱除率则一直是随着加入酸量的增加而逐渐下降的。

热稳定盐对MDEA溶液脱硫、脱碳性能产生的影响不同，是由于H_2S、CO_2与MDEA的反应机理不同。H_2S与MDEA的反应及其平衡常数见式（4－1），此反应是瞬间质子传递反应，由气膜扩散控制，反应在界面即达到平衡。净化气中的H_2S含量主要与反应（4－1）

的平衡常数和 MDEA 贫液中的 H_2S 含量相关，贫液中的 H_2S 含量越低，则 H_2S 净化效果越好。

$$RN + H_2S \rightleftharpoons RNH^+ + HS^- \quad (4-1)$$

$$\text{反应平衡常数}\ K = [RNH^+][HS^-]/[RN][H_2S]$$

MDEA 溶液中加入硫酸（或甲酸）后，一方面在吸收塔里由于酸结合了部分 MDEA 使具有反应能力的有效胺浓度降低，不利于 H_2S 的脱除；另一方面，在再生塔里由于酸的加入使质子化的 RNH^+ 浓度增加，从以上反应平衡关系可知，RNH^+ 浓度增加会使溶液中 HS^- 浓度下降，特别是在再生塔底部 RNH^+ 和 HS^- 浓度都很低，加入酸后此处的 RNH^+ 浓度大幅提高致使 HS^- 浓度明显下降，故 MDEA 贫液中 H_2S 含量降低，贫液中 H_2S 含量降低十分有利于 H_2S 净化度的提高。在这两种对立影响因素共同作用、相互“竞争”下，出现了 MDEA 溶液的脱硫能力先随热稳定盐含量增加而增强，而热稳定盐进一步增大后脱硫能力又下降的情况。

CO_2 与 MDEA 的化学反应分两步进行，见反应（4－2）和反应（4－3）。首先是在碱催化条件下，MDEA 与 CO_2 生成两性的中间化合物，然后再水解生成 HCO_3^-。生成两性中间化合物的反应（4－2）是慢反应，是整个反应速度的控制步骤，该反应的速率与溶液的 pH 值、MDEA 浓度、吸收温度等有关，提高溶液的 pH 值、MDEA 浓度和吸收温度有利于 CO_2 的吸收，反之则不利于 CO_2 的吸收。MDEA 溶液中加入酸后，虽然贫液再生质量的提高有利于 CO_2 的水解即反应（4－3）进行，但同时由于酸的加入降低了溶液的 pH 值和 MDEA 浓度，使得 CO_2 与 MDEA 反应速度的控制步骤——反应（4－2）的速率降低，因而总的效果是 CO_2 的吸收率随着加入酸量的增加而逐渐下降的。

$$R_3N: + :C\langle^{O}_{O} \rightleftharpoons R_3N::C\langle^{O}_{O} \quad (4-2)$$

$$R_3N::C\langle^{O}_{O} + H_2O \rightleftharpoons R_3NH^+ + HCO_3^- \quad (4-3)$$

N－甲基单乙醇胺和二乙醇胺对 MDEA 溶液的脱碳性能影响较大，在 45％的 MDEA 水溶液中只添加 0.2％（质量分数）的 *N*－甲基单乙醇胺或二乙醇胺，就会使 CO_2 脱除率增大，同时酸气质量变差。这是因为：*N*－甲基单乙醇胺或二乙醇胺可以改变 MDEA 与 CO_2 的反应历程，使 CO_2 与 MDEA 的化学反应速率大大提高。如反应（4－4）和反应(4－5)所示，MDEA 中的 *N*－甲基单乙醇胺或二乙醇胺在气液界面上以一级快速反应吸收 CO_2 生成氨基甲酸酯，氨基甲酸酯在向液膜扩散的过程中进一步水解而生成碳酸氢根，同时使 MDEA 发生质子化反应，在此过程中 *N*－甲基单乙醇胺或二乙醇胺被“释放”出来恢复活性，实际上 *N*－甲基单乙醇胺或二乙醇胺起了催化剂的作用，因此即使是很少量的*N*－甲基单乙醇胺或二乙醇胺也会明显提高 MDEA 溶液的脱碳效率。

$$CO_2 + RNH_2 \rightleftharpoons RNH_2^+COO^- \quad (4-4)$$

$$R_3N + RNH_2^+COO^- + H_2O \rightleftharpoons R_3NH^+ + HCO_3^- + RNH_2 \quad (4-5)$$

在溶液酸气负荷较高时，MDEA溶液中生成N-甲基单乙醇胺或二乙醇胺后，由于穿梭机理，溶液吸收CO_2的速率大大提高，更多的CO_2参与了反应。反应产生的热使溶液温度升高，溶液温度升高不利于H_2S的吸收，同时溶液中CO_2负荷增大也不利于H_2S的液相传质，两个因素共同导致H_2S净化效果变差。但是，如果溶液酸气负荷较低，在吸收塔上部，溶液中N-的甲基单乙醇胺或二乙醇胺主要参与H_2S的反应，同时由于CO_2在吸收塔的下部反应，热量随气体带走，吸收塔上部的温度增加幅度较小，会出现H_2S净化效果有轻微提高的现象。

脱硫溶剂的失效，意味着净化天然气不合格，将直接危害下游用户的安全。

四、低温冷脆

在天然气净化过程中，部分设备、管道的工艺条件为低温，如冷凝法天然气凝液回收中的低温分离器。而在低温条件下，金属材料中原子结合得较紧密，其强度虽有提高，但其塑性和韧性会有所降低，易发生脆断，这就是金属材料的低温冷脆现象。不同材料发生低温冷脆的温度不同。

在工程实践中，由于低温冷脆常见的失效模式为设备、管道的破裂爆炸，具有突发和介质泄漏速度快的特点，故其危害性较大。2005年6月3日，中国石油××气田中央处理厂发生了低温分离器闪爆的恶性事故，造成2人死亡、西气东输管道暂停供气的严重后果。经调查，此次事故就是低温分离器金属材料发生低温冷脆所致。

为了防止金属材料低温冷脆现象的发生，对低温容器、管道制造的原材料、焊接、热处理、无损检验和压力试验等方面都有严格的要求。如针对原材料包括材质选择、低温冲击韧性试验和无损探伤等三方面的要求。首先，在不同低温条件下应选择适合的材质。其次，制造设备的原材料应进行低温冲击韧性试验以保证其在低温条件下具有足够的韧性。最后还需对原材料进行无损探伤，防止制造缺陷引发脆裂。

第五章 天然气净化厂主要工艺单元 HAZOP 分析重点

第一节 脱硫脱碳工艺

一、典型醇胺法脱硫脱碳工艺流程概述

自净化厂外来的原料气经过滤分离器除去天然气中夹带的机械杂质和游离水后，从下部进入脱硫装置的吸收塔，在塔内与自上而下的 MDEA 贫液逆流接触。天然气中几乎全部 H_2S 和部分 CO_2 被脱除，湿净化气送至下游的脱水装置进行脱水处理。

吸收塔底出来的 MDEA 富液经闪蒸并与热贫液换热后进入再生塔上部。在再生塔内，富液在自上而下的流动过程中经自下而上的蒸汽逆流汽提，解析出 H_2S 和 CO_2 气体。再生塔底出来的贫液经换热、冷却后，由溶液循环泵送至脱硫吸收塔完成胺液的循环。再生出的酸气和水蒸气出塔后经冷凝和冷却，冷凝水作为回流液返回再生塔，分离出的酸气则送往下游的硫黄回收装置。典型的醇胺法脱硫脱碳工艺流程见图 5-1。

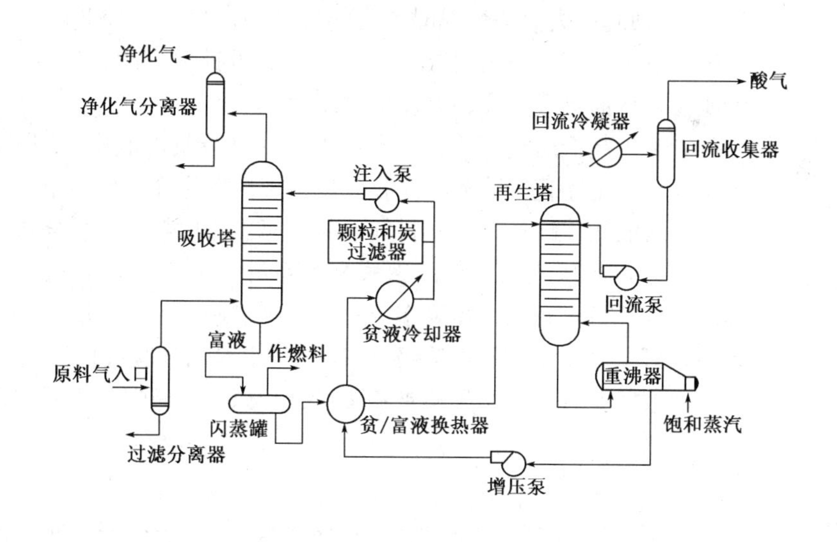

图 5-1 典型醇胺法脱硫脱碳工艺流程

二、脱硫碳脱工艺 HAZOP 分析重点

脱硫脱碳工艺的主要危险及有害因素见表 5-1，在该工艺单元的 HAZOP 分析中，需要重点关注压力容器、管道因窜气、超压和腐蚀引发的潜在危险，同时要注意设备检修时可能发生 H_2S 中毒危险。

表5-1 脱硫脱碳工艺主要危险及有害因素

分类		主要危险及有害因素
物质方面	天然气	可引起头痛、头晕、注意力不集中
		易燃、易爆物（爆炸极限5%～15%）
	H_2S	中毒，甚至致死
		易燃、易爆物（爆炸极限4%～46%）
		电化学腐蚀、硫化物应力腐蚀、氢诱发裂纹
	CO_2	电化学腐蚀、应力腐蚀
	硫化亚铁	自燃着火，引燃天然气和液硫
	醇胺溶剂	刺激眼睛和皮肤，高温溶液腐蚀
生产工艺	主要危害	高、低压装置间窜气
		超压
		腐蚀泄漏引发事故
		过滤分离器更换滤芯时发生 H_2S 中毒

(一) 窜气及超压

1. 窜气

天然气脱硫时，通常原料气重力分离器、原料气过滤分离器、脱硫吸收塔、等脱硫单元设备在较高压力下运行，而闪蒸塔、再生塔、回流罐等再生单元设备在低压下运转，在出现液位过低（或假液位）、联锁阀门失效等情况时，可能造成高压气窜入较低压力容器，从而引发管线或压力容器破裂事故；当设备内的操作压力超过其设计压力时，将可能损坏设备，引起有毒及可燃气体泄漏，从而导致火灾、爆炸事故发生。

在脱硫单元最有可能出现高低压气窜的有三个地方：一是吸收塔液位控制及联锁失效，高压气窜入低压再生系统；二是净化气分离器回收胺液出现误操作或液位控制失效，高压气窜入低压再生系统或低压胺液回收罐；三是原料气重力分离器、原料气过滤分离器排液出现人为误操作或液位控制失效，高压气窜入低压密式排污系统。由于脱硫单元窜入的是含有 H_2S 的高压原料天然气，因此危害较大，需要多重安全保护措施。

在 HAZOP 分析中，可结合安全完整性等级（SIL）技术对诸如吸收塔液位控制等重点控制方案进行评估，然后根据 SIL 评估结果检查相关设计，以保证装置的本质安全。

2. 超压

当脱硫装置出现异常情况时，装置内设备及管道都可能出现超压情况，因此压力容器及进装置管线上需设置可靠的安全泄压阀及调压放空系统。在 HAZOP 分析中，重点要检查其可靠性：安全泄压阀管径能否达到全流量放空的要求；安全阀根部手动阀是否锁开等。

(二) 腐蚀

原料气系统设备或管线及其焊缝、接头、垫圈、仪表、阀门等因选材不当，或 H_2S、CO_2 等的腐蚀会造成泄漏；所有泄漏的原料天然气、脱硫富液、未脱硫闪蒸气和酸气均可能引发 H_2S 中毒，并可能造成着火燃烧、爆炸，导致热辐射和爆炸冲击波伤人。

因此，在 HAZOP 分析中，首先应检查酸性环境下的选材，是否是按照 GB/T 20972.1—2007《石油天然气工业　油气开采中用于含硫化氢环境的材料　第1部分：选择抗裂纹材料的一般原则》、GB/T 20972.2—2008《石油天然气工业　油气开采中用于含硫化氢环境的材料　第2部分：抗开裂碳钢、低合金钢和铸铁》、GB/T 20972.3—2008《石油天然气工业　油气开采中用于含硫化氢环境的材料　第3部分：抗开裂耐蚀合金和其他合金》执行。这三个标准描述了所有由 H_2S 所引起的腐蚀开裂机理，包括硫化物应力开裂、应力腐蚀开裂、氢致开裂及阶梯形裂纹、应力定向氢致开裂、软区开裂和电偶诱发的氢应力开裂。同时规定了在石油天然气生产以及脱硫装置中处于 H_2S 环境中设备的金属材料评定和选择的一般原则、要求和推荐方法，以及可用于硫化物应力腐蚀开裂（SSCC）1区、2区、3区的金属材料，以避免选材不当，装置产生硫化物应力腐蚀开裂。

（1）原料气管线。原料气管线上的焊缝因腐蚀而泄漏；排液排气甩头因腐蚀而泄漏；管线上的仪表，如压力表、温度计的管嘴或安全阀组的连接短节处因腐蚀穿孔引发泄漏。

（2）原料气过滤分离器。如果用于制造分离器的钢板存在质量缺陷，则会影响分离器的抗开裂性能，导致设备出现分层缺陷。在湿 H_2S 工况下，一旦这些内部分层缺陷沿壁厚方向叠加，发展成垂直于壁厚的应力导向氢致开裂（SOHIC）时，就会大大减弱设备强度，甚至产生纵向裂纹，造成设备机械撕裂；原料气过滤器“O”形圈泄漏，焊缝或阀门因腐蚀泄漏。

（3）原料气重力分离器。腐蚀情况同原料气过滤分离器。

（4）吸收塔。在湿 H_2S 酸性环境下，塔体接头及焊缝区域往往容易发生应力腐蚀开裂，处置不当会造成严重后果；脱硫塔上开孔接管的焊缝、阀门或与之相连的仪表引压管线因腐蚀引起的泄漏。

（5）再生塔。再生塔的腐蚀一般来说比吸收塔严重。再生塔重沸器、重沸器酸气返回管线、再生塔下部、半贫液管线、贫富液换热器富液出口等是腐蚀严重的部位；再生塔至硫黄回收装置的管线、设备、仪表上的焊缝或接头处因腐蚀泄漏。

（6）换热器。换热器中流动的是待加热及待冷却的甲基二乙醇胺，易发生腐蚀穿孔导致火灾爆炸事故。同时，换热管的疲劳破裂容易引起换热管爆裂。在热交换器的使用过程中，其换热管与管板连接处的管端泄漏常常给生产造成一定的影响，甚至被迫停车。

在 HAZOP 分析中，上述可能出现的腐蚀泄漏都要分析到，同时需特别注意：为了避免可能发生的含 H_2S 的高压原料天然气泄漏对人体的伤害，要检查脱硫高压部分所有对空排气阀、排液阀、取样阀均应是否采用双阀或单阀加盲板，以保证密封的可靠性。

（三）其他危害

原料气过滤分离器需定期清洗或更换过滤元件，因为分离器内含有大量易自燃的硫化亚铁，操作不当可能引发火灾，甚至爆炸事故。过滤分离器更换滤芯时，可能因阀门泄漏造成人员中毒。因此，HAZOP 分析时，要重点检查原料气过滤分离器连接进出口管线工艺切换阀内侧是否安装八字盲板，以保证检修及更换滤料时作业人员的安全。

原料气过滤分离器排出的污水含有硫化业铁，操作不当易引发火灾，甚至爆炸。过滤分离器进出口阀门、排污阀门和安全阀是主要危险点，其中，进出口阀门若操作不当，或当安全阀锈蚀或定压过高易造成超压事故。各分离器、分液罐液位控制不当，可能造成天然气的泄漏，泄漏物遇火源则发生火灾爆炸事故。

低位胺液回收及配制罐通常设置在地下有限空间内，由于H_2S密度比空气大，易发生H_2S沉积，从而造成检修作业人员中毒。因此，在HAZOP分析中要注意：低位空间内是否设置空气吹扫管线，在管理制度中是否按有限空间作业进行管理。

第二节　脱水工艺

一、典型三甘醇脱水工艺流程概述

来自脱硫装置的湿天然气自吸收塔下部进入吸收塔，与自上而下的三甘醇（TEG）贫液逆流接触，塔顶气经重力分离器分离后为合格产品气，产品气在出厂压力条件下水露点比最低环境温度低5℃。三甘醇富液从塔底流出，经换热后进入闪蒸罐闪蒸，闪蒸气进入燃料气系统。闪蒸后的富液经过滤、换热后进入再生塔。

再生塔的重沸器采用火管加热。为确保三甘醇贫液浓度，在贫液精馏柱上设有汽提气注入设施。从塔顶出来的再生气在气/液重力分离器中进行气液分离，气体进入灼烧炉灼烧后经尾气烟囱排入大气，液体则送至污水处理装置处理。贫液在三甘醇缓冲罐中与富液换热并经贫液冷却器冷却后，经三甘醇循环泵升压返回吸收塔上部循环使用。典型的三甘醇脱水工艺流程见图5-2。

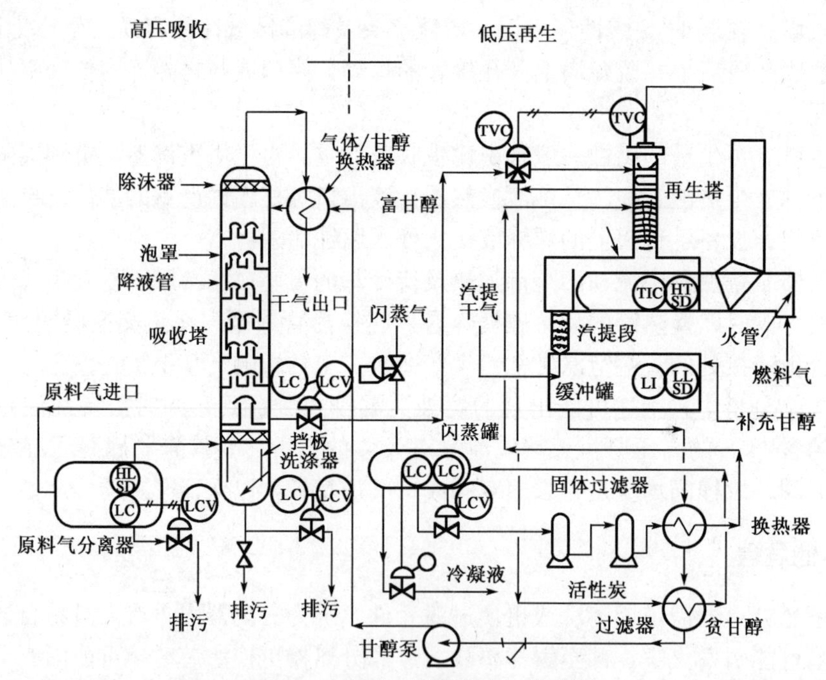

图5-2　典型三甘醇脱水工艺流程

二、脱水工艺HAZOP分析重点

脱水工艺的主要危险及有害因素见表5-2，在该工艺单元的HAZOP分析中，需要重点关注管道、压力容器因窜气、超压和腐蚀泄漏引发的潜在危险。

表 5-2　脱水工艺主要危险及有害因素

分类		主要危险及有害因素
物质方面	天然气	可引起头痛、头晕、注意力不集中
		易燃、易爆物（爆炸极限 5%～15%）
	H_2S	中毒，甚至致死
		易燃、易爆物（爆炸极限 4%～46%）
		电化学腐蚀、硫化物应力腐蚀、氢诱发裂纹
	SO_2	有毒气体，可能刺激眼睛和肺部
	CO_2	电化学腐蚀、应力腐蚀
	TEG	刺激眼睛和皮肤
生产工艺	主要危害	高、低压装置间窜气
		超压
		腐蚀泄漏引发事故

（一）窜气及超压

湿天然气脱水时，三甘醇吸收塔、三甘醇闪蒸罐、三甘醇再生塔、三甘醇缓冲罐、三甘醇再生气分离器、产品气分离器等在不同压力下运转，在出现液位过低、相关阀门未关闭或紧急停电等情况时，则可能造成高压气窜入较低压力容器，从而引发管线或压力容器破裂事故；当设备内的操作压力超过其设计压力时，将可能损坏设备，引起有毒及可燃气体的泄漏，从而导致火灾、爆炸的事故发生。

与脱硫单元相同，三甘醇吸收塔液位控制及联锁失效时高压气会窜入低压再生系统，受影响的低压设备数量多，危害同样严重。因此，可考虑对三甘醇吸收塔及液位控制方案进行SIL 评估，确保 SIL 等级达到 3 级以上，以保证装置的安全。

（二）其他危害

设备或管线及其焊缝、接头、垫圈、仪表、阀门等因少量 H_2S、CO_2 等的腐蚀会造成泄漏，但因装置处理的是净化天然气，其腐蚀程度远远低于原料气的腐蚀。

在 HAZOP 分析中，脱水工艺三甘醇循环泵、补充泵等设备存在噪声危害，高温管道和高温设备存在烫伤危害，均应考虑到。

第三节　轻烃回收工艺

一、典型膨胀机制冷轻烃回收工艺流程概述

来自脱水装置的干净化天然气首先进入主换热器，与来自脱乙烷塔顶部的气体和低温分离器底部的液烃换冷，将其中丙烷以上组分冷凝成液体，出主换热器的天然气为气液相混合物，在低温分离器中分成气、液两相，液体经过复热（主换热器）后作为脱乙烷塔上部进

料，气体去透平膨胀机膨胀制冷。经膨胀机等熵膨胀后的低温气、液相去脱乙烷塔顶部的分离器进行气液分离，液体作塔顶的回流液，气体和塔顶馏分气汇合，作为主换热器冷源。出主换热器的干气经与透平膨胀机膨胀端同轴的增压端增压后进入天然气压缩机增压后外输。

从脱乙烷塔塔底出来的脱乙烷油与脱丁烷塔塔底出来的轻油换热，换热后进入脱丁烷塔中部。脱丁烷塔为精馏塔，塔顶生产液化气，塔底生产轻油。从脱丁烷塔塔顶出来的液化气经脱丁烷塔顶冷凝器冷却到40℃后进入到脱丁烷塔回流罐，脱丁烷塔回流泵从脱丁烷塔回流罐中抽取液化气，一部分作为脱丁烷塔塔顶回流，另一部分经计量后去液化气罐区储存。从脱丁烷塔塔底出来的轻油依次经过脱丁烷塔底重沸器、脱乙烷油预热器、轻油冷却器冷却至40℃后，进入轻油罐区储存。典型的膨胀机制冷轻烃回收工艺流程见图5-3。

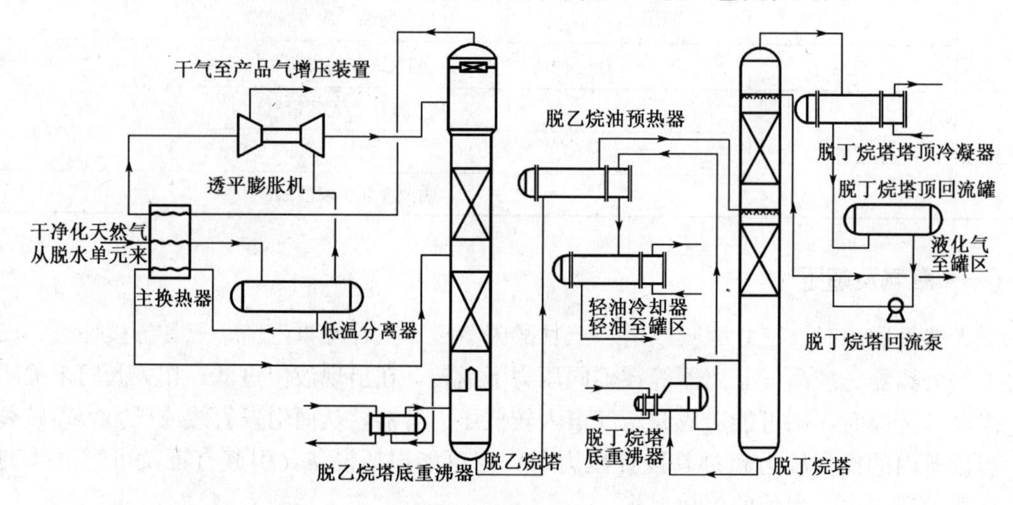

图5-3　典型膨胀机制冷轻烃回收工艺流程

二、轻烃回收工艺HAZOP分析重点

轻烃回收工艺的主要危险及有害因素见表5-3，在该工艺单元HAZOP分析中，需要重点关注压力容器、管道因窜气、超压和腐蚀而引发的潜在危险。同时要注意低温管道和低温设备的冻伤危害。

表5-3　轻烃回收工艺主要危险及有害因素

分类		主要危险及有害因素
物质方面	天然气	可引起头痛、头晕、注意力不集中
		易燃、易爆物（爆炸极限5%～15%）
	CO_2	电化学腐蚀、应力腐蚀
	低温冷剂（乙烯、丙、丁烷）	易疲倦、窒息及麻醉作用、意识丧失
生产工艺	主要危害	高、低压装置间窜气
		超压
		腐蚀泄漏引发事故
		低温冻伤

（一）窜气及超压

干气脱烃时，净化气分离器、高压分离器、低温分离器等在不同压力下运转，在出现液位过低、相关阀门未关闭或紧急停电等情况下，可能造成高压气窜入较低压力容器，从而引发管线或压力容器破裂事故。

由于凝液中含有 C_3、C_4 组分，随着温度的升高，C_3、C_4 组分成为气态，引起管道、设备超压；当设备内的操作压力超过其设计压力时，将可能损坏设备，引起可燃气体、液体的泄漏，从而导致火灾、爆炸的事故发生。

（二）腐蚀

设备或管线及其焊缝、接头、垫圈、仪表、阀门等可能会因少量 H_2S、CO_2 等的腐蚀而造成泄漏，泄漏的天然气可能引发着火燃烧、爆炸，导致热辐射和爆炸冲击波伤人。但因装置处理的是净化天然气，其腐蚀程度远远低于原料气的腐蚀。

（三）其他危害

低温管道和低温设备的冻伤危害也应在 HAZOP 分析中考虑到。

第四节　硫黄回收工艺

一、典型克劳斯硫黄回收工艺流程概述

醇胺法产生的再生酸气需要通过克劳斯法回收硫黄。根据所处理的原料气中 H_2S 含量不同，克劳斯法大致可分为三种不同的工艺流程，即部分燃烧法、分流法和直接氧化法。在这三种方法的基础上，再各自辅以不同的技术措施，又可派生出各种不同的变型，如低温克劳斯、超级克劳斯、Clinsulf－SOP、Clinsulf－Do、CBA 等工艺。尾气处理多采用 SCOT 法。表 5－4 为各种工艺方法的适用范围。

表 5－4　各种工艺方法及其适用范围

原料气中 H_2S 含量，%	工　艺　方　法
50～100	部分燃烧法
40～50	带有原料气和/或空气预热的部分燃烧法
25～40	分流法
15～25	带有原料气和/或空气预热的分流法
＜15	直接氧化法或其他处理贫酸气的特殊方法

典型的克劳斯硫黄回收工艺流程如下：

从上游脱硫装置来的酸气经酸气分离器分离酸水后进入主燃烧炉，与主风机送来的空气按一定配比在炉内进行克劳斯反应。酸水送到脱硫装置酸水回流罐。

主风机出来的空气分两路进入主燃烧炉，一路为主空气管线，另一路为微调空气管线，其相应的流量均由专用的配风控制系统来调节，以获得最佳硫黄回收率。

自主燃烧炉出来的高温过程气经余热锅炉冷却后，进入硫冷凝器冷却。分离液硫后的过程气同高温过程气掺合后进入一级催化反应器进行催化反应，过程气中 H_2S 与 SO_2 在催化剂的作用下反应生成元素硫。出一级催化反应器的过程气进入气—气换热器换热后进入二级硫冷凝器冷却，过程气中绝大部分硫蒸气在此冷凝分离。自二级硫冷凝器出来的过程气进入气—气换热器换热后进入二级催化反应器，气流中的 H_2S 与 SO_2 在催化剂床层上继续反应生成元素硫，出二级催化反应器的过程气然后进入三级硫冷凝器进一步冷却，分离出其中冷凝的液硫后，过程气进入液硫捕集器，将气流中携带的硫黄液滴及硫雾经捕雾网捕集下来。尾气至焚烧炉与由燃料气燃烧产生的高温烟气混合进行氧化反应，使尾气中的 H_2S 及其他硫化物和硫蒸气等生成 SO_2，废气通过烟囱排入大气。各硫冷凝器分离出的液硫自流入液硫池再通过液硫泵将其送至液硫成型单元。典型的克劳斯硫黄回收工艺流程见图 5－4。

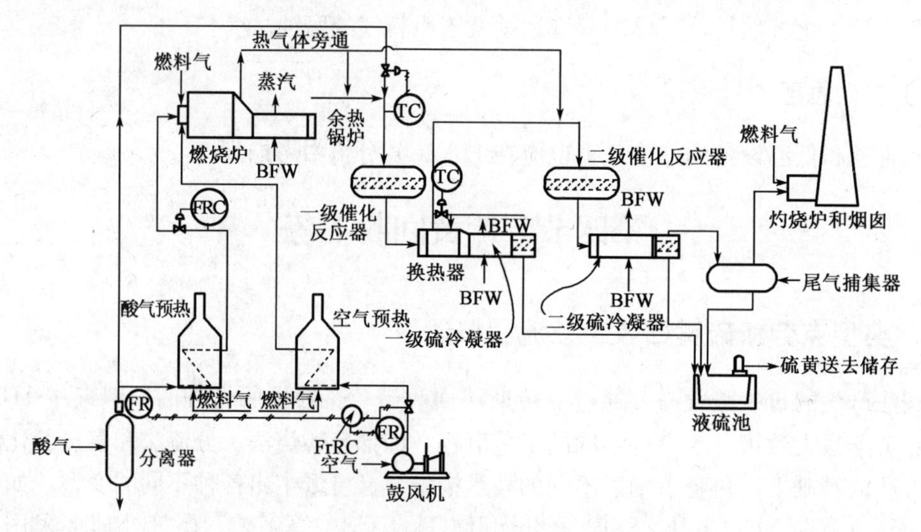

图 5－4　典型二级克劳斯硫黄回收工艺流程

二、硫黄回收工艺 HAZOP 分析重点

硫黄回收工艺的主要危险及有害因素见表 5－5，在该工艺单元 HAZOP 分析中，需要重点关注管道、压力容器因窜气、超压和腐蚀泄漏引发的潜在危险。

表 5－5　硫黄回收工艺主要危险及有害因素

分　类		主要危险及有害因素
物质方面	天然气	可引起头痛、头晕、注意力不集中
		易燃、易爆物（爆炸极限 5%～15%）
	H_2S	中毒，甚至致死
		易燃、易爆物（爆炸极限 4%～46%）
		电化学腐蚀、硫化物应力腐蚀、氢诱发裂纹
	SO_2	有毒气体，可能刺激眼睛和肺部

续表

分类		主要危险及有害因素
物质方面	CO_2	电化学腐蚀、应力腐蚀
	硫黄及粉尘	液硫易燃
		粉尘易燃、易爆
		粉尘卫生危害
	硫化铁	自燃着火，引燃天然气和液硫
生产工艺	主要危害	主燃烧炉点火爆炸、熄火爆炸、回火爆炸
		余热锅炉汽包干锅爆炸和高温硫化腐蚀
		腐蚀泄漏致中毒
		液硫池内硫黄遇火易燃，易于引发火灾
		高温设备或管线可能引发灼伤事故
		硫回收工艺主风机噪声危害
		过程气泄漏引起 SO_2 中毒

（一）酸气分离器

酸气分离器因腐蚀泄漏，可导致人员中毒事故。

（二）主燃烧炉

在HAZOP分析中，主燃烧炉是硫黄回收单元分析的重点。应重点关注：

（1）当紧急停电时，主燃烧炉供风突然停止，如果酸气关闭不及时或泄漏，酸气可能通过空气管线从风机入口倒流出来造成酸气中毒。

（2）主燃烧炉可能在紧急停电及酸气系统波动时熄火，而熄火后又没有及时切断酸气和空气，则极易发生由炉膛高温再点火时的爆炸事故（即熄火爆炸）。

（3）主燃烧炉点火时，可能因未认真对炉内进行彻底吹扫（尤其是点火失败后的再点火）或因点火工具不可靠（特别是点火枪）以及直接利用炉膛高温引燃酸气点火，容易发生点火爆炸。

（4）主燃烧炉回火时可能引发酸气系统发生回火爆炸，由于耐火及隔热材料质量差、施工质量差或振动等原因，可能使炉顶耐火材料脱落，导致炉膛烧穿事故。

（三）余热锅炉

（1）余热锅炉炉内温度较高，水在炉内产生蒸汽，若进水量不足或中断，液位低于炉管，炉管便会干烧、变形，并有爆炸的危险。

（2）余热锅炉可能出现陶瓷保护管套堵塞以及炉管和管板连接处金属出现高温硫化腐蚀，造成蒸汽泄漏以及炉膛发生超压爆炸等事故。

（3）锅炉给水水质不好或工艺气中含有腐蚀性组分，使炉管管壁发生高温腐蚀。

（四）腐蚀泄漏

硫黄回收装置的腐蚀介质是SO_2、S（蒸气）、H_2S、CO_2、H_2O（蒸汽）。在装置高温部位——余热锅炉、换热器、冷凝器中，上述介质与碳钢发生化学反应，生成硫化铁。这种硫化铁保护作用小，化学腐蚀继续进行，如果有水进入系统，则将产生H_2SO_3、H_2CO_3及H_2S的强电化学腐蚀。

高浓度酸气易对设备和管线造成腐蚀、穿孔破裂，泄漏的高浓度酸气易造成严重H_2S中毒事故。酸气放空管线、设备、仪表管线上的焊缝或接头处会因腐蚀泄漏。

（五）其他

液硫管线内液硫温度在120℃以上，液硫管线温降较慢，容易造成烫伤事故；硫黄在温度较低时易发生凝固堵塞；硫黄回收工艺主风机可能产生噪声危害；主燃烧炉、余热锅炉等为高温设备，可能引发灼伤事故。

第五节　辅助生产设施及公用工程

辅助生产设施及公用工程主要危险及有害因素见表5－6，在该工艺单元HAZOP分析中，需要重点关注硫黄燃烧或粉尘爆炸，锅炉点火、熄火爆炸、回火爆炸，放空时未点燃灼烧，使原料气或酸气直接放空，引发H_2S中毒事故，蒸汽管线、放空管线水击事故，液硫池和污水池边H_2S中毒事故，液硫设备管线高温灼伤事故等。

表5－6　辅助生产设施及公用工程主要危险及有害因素

分类		主要危险及有害因素
物质方面	天然气	可引起头痛、头晕、注意力不集中
		易燃、易爆物（爆炸极限5%～15%）
	H_2S	中毒，甚至致死
		易燃、易爆物（爆炸极限4%～46%）
		电化学腐蚀、硫化物应力腐蚀、氢诱发裂纹
	SO_2	有毒气体，可能刺激眼睛和肺部
	CO_2	电化学腐蚀、应力腐蚀
	硫黄及粉尘	液硫易燃
		粉尘易燃、易爆
		粉尘静电和卫生危害
	MDEA	刺激眼睛和皮肤，高温溶液腐蚀
	TEG	刺激眼睛和皮肤
	蒸汽	高温烫伤
生产工艺	主要危害	硫黄燃烧或粉尘爆炸
		锅炉点火、熄火爆炸、回火爆炸
		放空时未点燃灼烧，使原料气或酸气直接放空，引发H_2S中毒事故
		蒸汽管线、放空管线水击事故
		液硫池和污水池边H_2S中毒
		液硫设备管线高温灼伤

（一）硫黄成型

操作人员未穿防静电工作服引起静电火花，操作人员使用铁器敲击金属物件引起火花，可能造成硫黄成型车间硫黄粉尘在其爆炸极限范围内发生爆炸。

液硫脱气效果不良存在人员中毒危害的可能；硫黄成型车间液硫池内硫黄遇火易燃，易引发火灾；排送液硫的管线，因管线内液硫温度在120℃以上，液硫管线温降又较慢，容易造成烫伤事故。

（二）蒸汽和凝结水系统

蒸汽系统可能由于气液混流，即气体管线中积存有液体，或液体管线中积存有气体而产生强大冲击力，使管线剧烈振动，甚至带动相连接的设备跳动（即管线水击事故），危险性较大；蒸汽和凝结水管道的现场排液阀内漏或误开启，使高温蒸汽和凝结水泄漏，导致人员烫伤；锅炉本身存在超压爆炸的危险。

锅炉点火时，可能因未认真对炉内进行彻底吹扫（尤其是点火失败后的再点火）或因点火工具不可靠（特别是点火枪）以及直接利用炉膛高温引燃料气点火时，容易发生点火爆炸。

锅炉可能因紧急停电及燃料气系统波动熄火，而熄火后又没有及时切断燃料气和空气，极易发生由炉膛高温再点燃的爆炸事故（即熄火爆炸）。

锅炉炉膛内可能因吹扫方式不当或吹扫时间不够导致发生锅炉炉膛爆炸。

（三）火炬及放空系统

放空系统可能由于气液混流，即气体管线中积存有液体，或液体管线中积存有气体而产生强大冲击力，使管线剧烈振动，甚至带动相连接的设备跳动（即管线水击事故），危险性较大。

高压天然气紧急放空和硫回收装置酸气放空时，火炬会产生辐射热和噪声；装置放空，如果原料气和酸气未燃烧或燃烧不完全，原料气和高浓度的酸性气体直接排至大气，必将造成环境污染和人员中毒等事故。

由于放空管道或放空分液罐内积液，导致在系统泄压过程中，天然气、酸气、燃料气等不能顺利放空至火炬，导致放空管道剧烈振动，造成放空管网损坏；在脱硫、脱水单元进行空气吹扫过程中，可能发生空气窜入火炬造成火炬系统闪爆事故。

（四）空氮站

空氮站仪表风压力过低时，会影响仪表控制，进料会自动中断，甚至导致全装置停车。露点温度过高，净化风含水不合格，会导致仪表风管线冻堵，甚至损坏仪表设备，导致严重事故发生；净化空气储罐和氮气储罐存在超压爆炸危害，空气压缩机存在噪声危害。在生产过程中可能导致机械伤害、冻伤事故的发生。

（五）变（配）电室

变（配）电室可能会因线路短路、负荷超载、接触不良、散热不良或由于设备自身故障导致过热而引起火灾。设备接地不良可引起雷电火灾等。

变（配）电室的高低压进出线多采用电缆沟敷设方式，与室外相通，电缆沟通常比地面低，扩散的油气很容易在沟内积聚，并沿沟扩散。若电缆沟穿过变（配）电室墙壁处密封不好，油气窜入室内，其浓度一旦达到爆炸极限，遇到电火花，极有可能发生火灾爆炸事故。

另外，电缆着火也可导致火灾。电缆火灾的引发因素包括电缆靠高温管道太近、缺乏有效的隔热措施、长期处于高温环境、产生老化使电缆的绝缘遭到破坏、短路。开关柜、仪表盘的电缆穿孔以及变（配）电室的进出电缆的孔洞封堵不严，甚至没有封堵，会导致发生火灾时火势蔓延，也会造成可燃气体进入室内。

供电系统可能发生电源进线柜遭雷击、站用变压器跌落熔断丝过流熔断、10kV 变电所瞬间失电以及 10kV 高压母线单相接地等意外事故，如不及时处理将造成全厂失电和仪表 UPS 掉电。

（六）自动控制系统

DCS 系统死机、系统掉电、卡件损坏、软件故障、现场仪表故障等原因可造成控制系统失效；现场仪器、仪表故障可能造成 DCS 系统误动作。ESD 系统死机、系统掉电、卡件损坏、软件故障等原因可造成控制系统失效；现场仪器、仪表故障可能造成 ESD 系统误动作。装置内设置的可燃气体报警器失灵，可能延误可燃气体泄漏事故的处理时机，导致火灾爆炸事故发生。

（七）供水系统

供水系统中往往使用 HCl、NaOH、NaCl、Cl_2、ClO_2 及其他化学药剂，它们多为具强烈腐蚀性或有毒物品，对人员可能产生伤害。

（八）防雷、防静电设施

设备和建（构）筑物的防雷、防静电设施的接地设置和配备不合格，会发生雷击和静电放电，可能导致设备设施损坏和火灾爆炸事故。

（九）污水处理车间

污水池中释放出含 H_2S 的气体，造成中毒事故；药剂加注时，操作不当可能导致药剂伤人事故；气田水处理过程中可能发生机械、触电等伤害事故。

（十）分析化验室

取原料气、酸气、过程气等含高浓度 H_2S 或 SO_2 的样品时，可能因操作不当，导致 H_2S 或 SO_2 中毒；取过程气样品时，还可能因操作不当，导致高温气灼伤；分析化验在使用 H_2S 和 SO_2 标准气时，可能因钢瓶阀门损坏、失灵，导致标准气（H_2S 标准气浓度可达 10%，SO_2 标准气浓度可达 1%）泄漏中毒；分析化验过程中使用、接触化学物质（如浓 H_2SO_4、CCl_4 等）造成毒性伤害。

（十一）管路加药和酸洗

因水质原因，系统管路易于结垢；管路结垢需要酸洗清除，酸洗中含硫垢层会分解释放出 H_2S，有可能引起 H_2S 中毒事故；系统循环水添加阻垢剂、缓蚀剂和杀菌剂等化学药品时，人员接触阻垢剂、缓蚀剂可对皮肤、眼睛产生刺激和腐蚀，其中有机膦表面活性剂组分有增加人体皮肤细胞渗透性的副作用，可导致毒物和病菌易于进入人体，有可能降低加药人员的免疫力。

（十二）开、停工和检修

天然气净化厂往往在开、停工和检修期间容易发生事故，应特别注意在受限空间作业时的 H_2S 中毒事故。同时，应注意下列事项：

（1）开、停工，检修中违章指挥和违章作业可能造成设备、人身伤害事故。

（2）整个开、停工过程中都存在误操作导致各种事故的风险。

（3）由于在回收溶液、水洗、热循环及检修等过程中，场地较滑，容易发生跌落、摔倒、碰撞、划伤、烧伤、烫伤等人身伤害事故。

（4）开工时由于设备制造缺陷或现场焊接施工缺陷，出现阀门、法兰、焊缝等部位泄漏或破裂，导致含硫天然气泄漏释放，引起人员中毒或燃烧爆炸事故。

（5）热、冷循环过程中如果再生塔压力控制不好，加之塔内温度大范围变化，可能造成再生塔出现负压抽空事故。

（6）硫黄回收装置停工打开设备时，高温 SO_2、S、H_2S、Fe_xS_y 遇到空气和冷凝水时均会部分氧化生成强腐蚀性的亚硫酸和多焦硫酸，造成严重腐蚀；同时溶于水的 H_2S 还可能造成硫化物应力腐蚀破裂，因此，停工操作应注意采取防蚀措施。

（7）由于装置内存留的垢物和腐蚀产物中会含有 H_2S 气体，检维修过程中往往由于吹扫不彻底、置换不完全，或催化剂除硫活化操作不良，或检修部位与有毒介质隔离不好，导致检维修设备和管道内残留部分可燃气体，如果不严格执行检维修规程，及时排除隐患，极易导致火灾、爆炸事故，还可能造成检修人员在受限空间内中毒或窒息。

（8）若回收单元的除硫操作进行得不够彻底，过氧操作以及高温将引发硫化亚铁的燃烧，从而引发单质硫燃烧，造成催化剂床层超温，进而造成催化剂被破坏。

（9）检修期间从设备或管线清扫出的硫化亚铁与空气接触，容易自燃着火，甚至可能发生爆炸事故。

（10）压缩机、泵等转动设备调试、检修有一定难度，易发生机械故障，存在发生机械工业伤人、设备损坏、停工停产的危险。尤其是设备的转动轴防护罩不完善时，可能发生人员绞伤事故。

（11）检修期间，进入受限空间作业，高空作业，拆检、敲打、起吊作业，高温露天作业，动火、动焊作业等较多，容易发生中毒、窒息，摔伤、砸伤、撞伤，中暑，火灾、爆炸、触电等事故。

第六章 HAZOP 分析在天然气净化厂的应用

第一节 新建××油气处理厂初步设计 HAZOP 分析

一、项目背景

××油气处理厂原料为××区块的不含硫天然气及凝析油。拟建油气处理厂总规模为150×$10^4m^3/d$（101.325kPa，20℃），凝析油处理装置设计规模为240t/d。厂内主体工艺装置包括：集输装置（1000 单元）、分子筛脱水脱汞装置（1100 单元）、轻烃回收装置（1200 单元）、凝析油处理装置（1400 单元），以及配套的辅助生产设施（主要包括罐区及装车设施、空氮站、燃料气系统、分析化验室等）和公用工程（包括给排水、消防、供热、供电、通信等系统）。为了识别设计中存在的不足以及装置在生产运行中潜在的危害因素，消除可能存在的安全隐患，避免施工后因工艺方案缺陷造成的整改，以及由此产生的不必要的经济损失，受建设单位委托进行了本工程的 HAZOP 分析工作。

二、工程概述

（一）原料组成

本工程主要原料有关参数如下。

1. 原料天然气

原料气温度：夏季 30℃（设计工况），冬季 20℃（供核算用）；

原料气压力：4.6MPa（G）；

原料气组成：见表 6-1。

表 6-1 原料天然气组成表

序号	组分	组成,%（体积分数）	序号	组分	组成,%（体积分数）
1	He	0.01	13	*n*-C_5	0.12
2	H_2	0.03	14	C_6	0.15
3	O_2	0.00	15	C_7	0.14
4	N_2	0.65	16	C_8	0.14
5	CO_2	0.22	17	C_9	0.06
6	C_1	87.23	18	C_{10}	0.03
7	C_2	9.31	19	C_{11}	0.01
8	C_3	2.57	20	C_{12}	0.00
9	*i*-C_4	0.57	21	C_{13}	0.00
10	*n*-C_4	0.54	22	C_{14}	0
11	*neo*-C_5	0.01	23	C_{15}	0
12	*i*-C_5	0.23	24	合计	100

2. 凝析油

凝析油组成见表 6－2。

表 6－2 凝析油组成表

序号	组分	组成,%（质量分数）	序号	组分	组成,%（质量分数）
1	C_1	0.00	15	C_{12}	6.18
2	C_2	0.04	16	C_{13}	6.83
3	C_3	0.37	17	C_{14}	5.36
4	$i-C_4$	0.50	18	C_{15}	4.55
5	$n-C_4$	0.93	19	C_{16}	2.63
6	$neo-C_5$	0.02	20	C_{17}	2.40
7	$i-C_5$	1.73	21	C_{18}	2.38
8	$n-C_5$	1.32	22	C_{19}	1.88
9	C_6	5.02	23	C_{20}	0.97
10	C_7	9.55	24	C_{21}	1.00
11	C_8	15.27	25	C_{22}	0.48
12	C_9	11.28	26	C_{23}	0.29
13	C_{10}	11.13	27	C_{24}	0.22
14	C_{11}	7.51	28	C_{25}	0.17

（二）设计参数

1. 产品天然气

执行标准：《天然气》（GB 17820—2012）；

外输量：$143.08\times10^4m^3/d$；

压力：4.0MPa；

水露点：＜－10℃（在 4.0MPa 下）；

烃露点：＜－10℃（在 4.0MPa 下）。

2. 液化石油气

执行标准：《液化石油气》（GB 11174—2011）；

产量：110t/d；

C_5^+：≤3%（体积分数）；

饱和蒸气压：＜1430kPa（37.8℃）。

3. 稳定凝析油

执行标准：SY/T 0096—2008；

产量：70～300t/d（设计值246.72t/d）。

4. 稳定轻烃

执行标准：《稳定轻烃》(GB 9053—1998)；

产量：25.07t/d。

三、主体工艺装置概况

集气末站湿天然气采用段塞流捕集器进行气液分离后，气相进入分子筛脱水装置，油水混合物进入凝析油处理装置。外输装置主要设有计量系统及天然气外输发球设施。

分子筛脱水装置对天然气进行过滤分离、聚结分离后，采用分子筛三塔脱水工艺脱水，分子筛采用干气连续再生，并通过压缩机对分子筛再生气进行增压后循环使用。

脱烃及轻烃回收装置采用混合冷剂外制冷分离轻烃，轻烃经脱乙烷塔处理后，再经脱丁烷塔分离生产出合格的液化气和稳定轻烃产品，分别进入液化气储罐和凝析油储罐储存。脱烃后的天然气经外输计量装置计量后外输。

冷剂储存装置用于储存脱烃装置冷剂循环系统所需的冷剂，设有乙烯罐、丙烷罐和丁烷罐，以及丙丁烷卸车设施。

从集气末站来的油水混合物先进入凝析油处理装置原料油罐，加热后在三相分离器中进行油水分离，分离的气田水去生产污水检修池处理，凝析油进凝析油稳定塔处理。气田来的凝析油也可直接进入事故及不合格产品储罐储存，再经事故及不合格产品储罐转输至凝析油处理装置。

四、HAZOP分析

(一) 分析筹备

此次HAZOP分析主要进行了以下筹备工作：

1. 组建HAZOP分析小组

根据HAZOP分析小组组成的要求，此次HAZOP分析小组成员主要包括：技术专家，设计单位相关专业人员，分析单位工艺工程师、仪表工程师、电气工程师、现场管理人员、操作人员以及项目甲方管理人员、工艺人员等。

2. 准备HAZOP分析资料

在进行HAZOP分析会之前，对HAZOP分析所需资料进行了收集，收集的资料主要包括：

设备设计资料——包括设备平面布置图、设备数据表等；

工艺设计资料——包括说明书、物料流程图、工艺及仪表控制流程图、平面布置图、竖向布置图及ESD因果关系图等。

本次HAZOP分析共涉及PID图46张。

（二）节点划分

根据HAZOP分析节点划分原则，结合装置的具体情况，对分析对象进行了节点划分。从集气装置（1000单元）、分子筛脱水脱汞装置（1100单元）、轻烃回收装置（1200单元）、冷剂循环及补充装置（1300单元）、凝析油处理装置（1400单元）到辅助生产设施及公用工程共划分节点34个。

（三）HAZOP分析方法培训

在HAZOP分析工作开始前，分析小组组长（主持人）对小组人员进行了HAZOP分析相关知识培训。培训内容包括：HAZOP分析原理和方法、分析对象的情况及工作范围、HAZOP分析工作计划、分析工作相关纪律和要求等。

（四）HAZOP工作会议

为方便设计人员参与，使分析人员更好地了解设计意图，本次HAZOP分析会议于×年×月×日至×月×日在××设计院举行。

五、典型节点分析

（一）节点1100-1

1. 工艺介绍

节点1100-1包括原料气重力分离器、过滤分离器及相关管线，从集气装置（1000单元）来的原料气［温度为29.1℃、压力为4.42MPa（G）］，经原料气重力分离器（D-1101）、原料气过滤分离器（F-1101）、原料气聚结器（F-1102）除去夹带的水滴及固体杂质，为进入分子脱水脱汞装置的原料气进行预处理。工艺及仪表控制流程图见图6-1。

2. 分析讨论

对该节点的分析讨论见表6-3。

（二）节点1100-4

1. 工艺介绍

节点1100-4包括再生气、冷吹气换热系统相关设备、管线。冷吹气出塔后压力约为3.95MPa（G），经再生气换热器（E-1102）与出分子筛脱水塔C-1101/C的富再生气换热后进入再生气加热器（E-1101），加热至300℃后作为贫再生气。出塔C-1101/C后的富再生气经再生气换热器（E-1102）与来自冷吹塔C-1101/B的贫再生气换热回收热量后进入再生气冷却器（E-1103）中冷却，使再生气中的大部分水蒸气冷凝为液体。工艺及仪控流程图见图6-2。

2. 分析讨论

对该节点的分析讨论见表6-4。

（三）节点1200－3

1．工艺介绍

节点1200－3包括脱乙烷塔出入口相关设备、管线。从上游低温分离器（D－1201）分出的液烃送至原料气预冷器（E－1201）换热，加热至25℃后进入脱乙烷塔（C－1202）中部进行分馏。二次脱烃塔（C－1201）塔底出来的凝液经泵（P－1201）加压后送至脱乙烷塔（C－1202）上部作为塔顶进料。脱乙烷塔（C－1202）塔顶气返回至原料气预冷器（E－1201）中冷却。从脱乙烷塔（C－1202）底出来的脱乙烷油节流后进入脱丁烷塔（C－1203）中部。自导热油系统来的高温导热油进入脱乙烷塔底重沸器（E－1202）为脱乙烷塔（C－1202）提供热量。工艺及仪控流程图见图6－3。

2．分析讨论

对该节点的分析讨论见表6－5。

六、分析结论及建议

本次HAZOP分析包含集气装置、分子筛脱水脱汞装置、轻烃回收装置、冷剂循环及补充装置、凝析油处理装置、罐区及装车设施、燃料气系统、空氮站、火炬及放空系统、给水系统、排水系统、循环冷却水系统、消防系统、导热油系统等相关装置。所涉及的图纸为××油气处理厂初步设计工艺及仪表控制流程图（PID图）。本次HAZOP分析所涉及PID图纸资料共计46张，划分节点34个，分析偏差442项，提出建议措施94项。典型节点分析的部分内容见表6－6，主要涉及工艺优化、自控方案优化、运行及操作等方面，这些建议为装置下一步的施工图设计提供了参考意见。经设计单位反馈，采纳91项，不采纳3项。同时，为找出装置存在的可操作性问题，对装置的竖向布置和平面布置图进行了分析，未发现需进行调整的问题。

第二节　××天然气净化厂在役阶段HAZOP分析

一、项目背景

××天然气净化厂原料气为含硫天然气。装置设计工作压力为6.0MPa（A），工作温度为10～30℃。设计生产能力为处理原料天然气$300\times10^4m^3/d$（20℃，101.325kPa），操作弹性为50%～100%，即最低处理量为$150\times10^4m^3/d$。年平均生产时间约为8100h。厂内主体工艺装置包括原料天然气过滤分离装置（1100单元）、脱硫装置（1200单元）、脱水装置（1300单元）、硫黄回收装置（1400单元）；辅助生产设施包括硫黄成型装置、污水处理装置、火炬及放空系统、分析化验室、维修设施、库房及综合楼等；公用工程包括新鲜水系统、锅炉及锅炉给水设施、循环冷却水设施、空气氮气站、燃料气系统、供电系统、通信系统及消防系统等。

为了识别装置在生产运行中潜在的危害因素，受××天然气净化厂委托进行了该在役装置的HAZOP分析工作。本次HAZOP分析充分利用各专业技术人员的优势，识别出了装

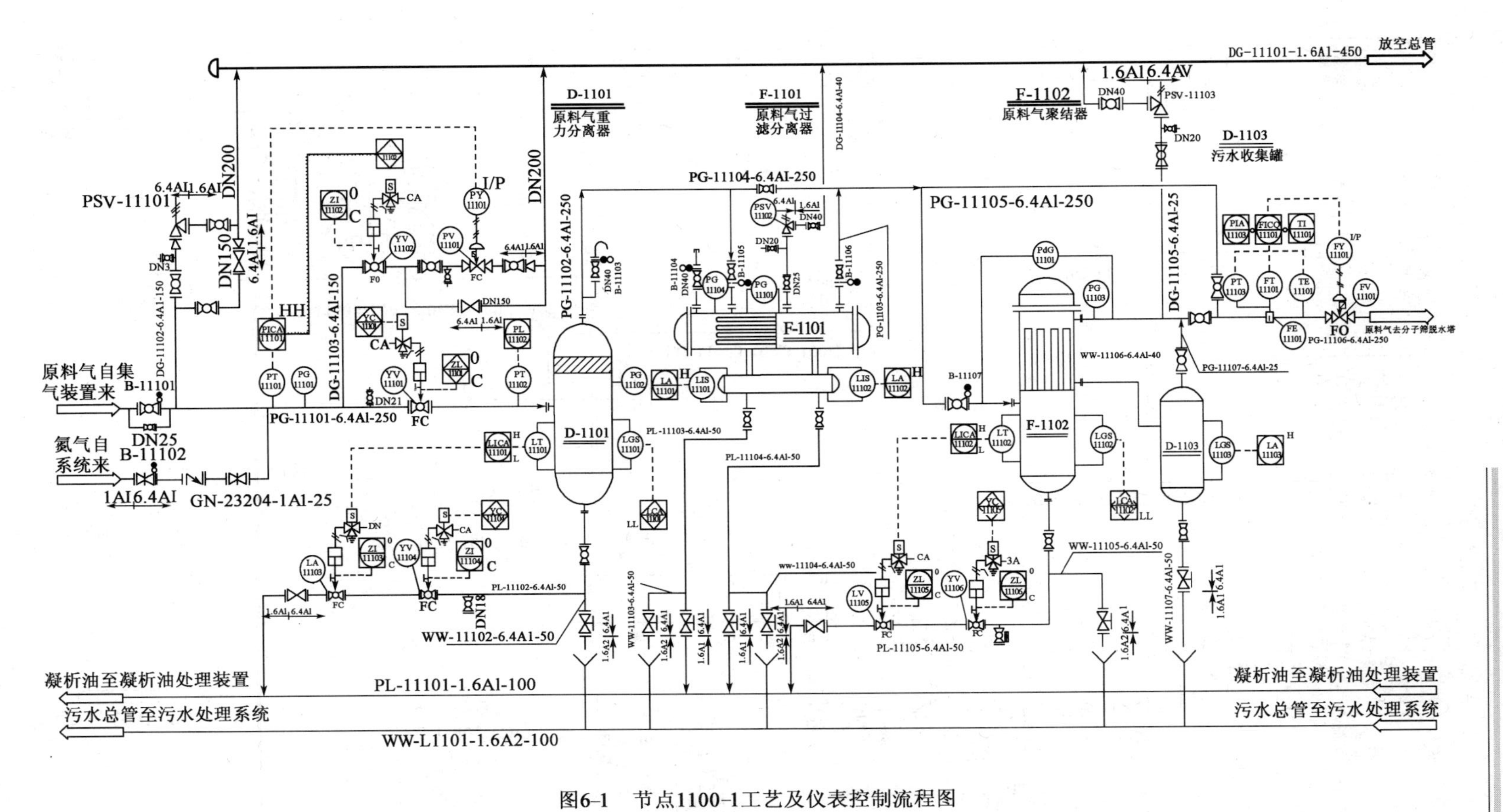

图6-1　节点1100-1工艺及仪表控制流程图

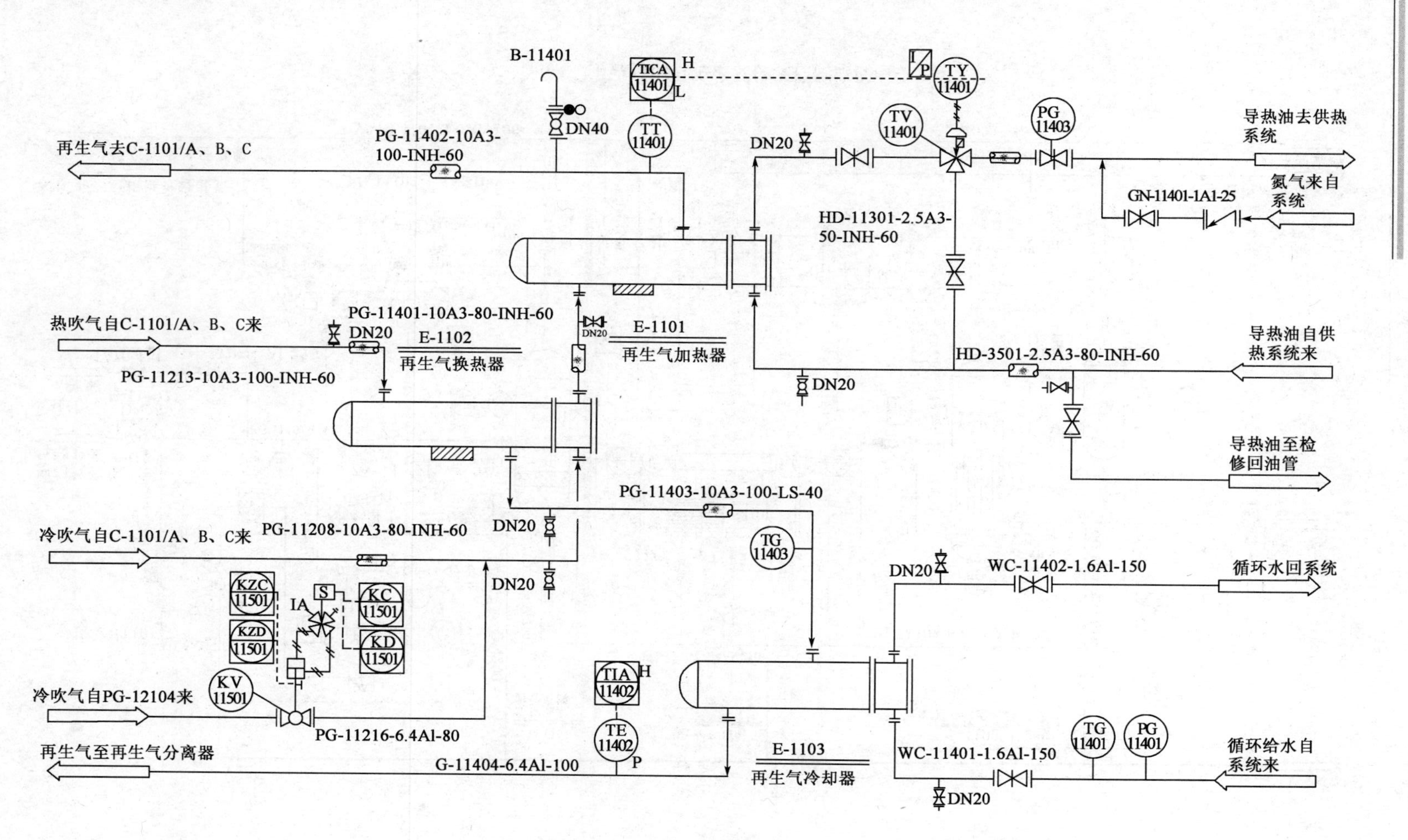

图6-2 节点1100-4工艺及仪表控制流程图

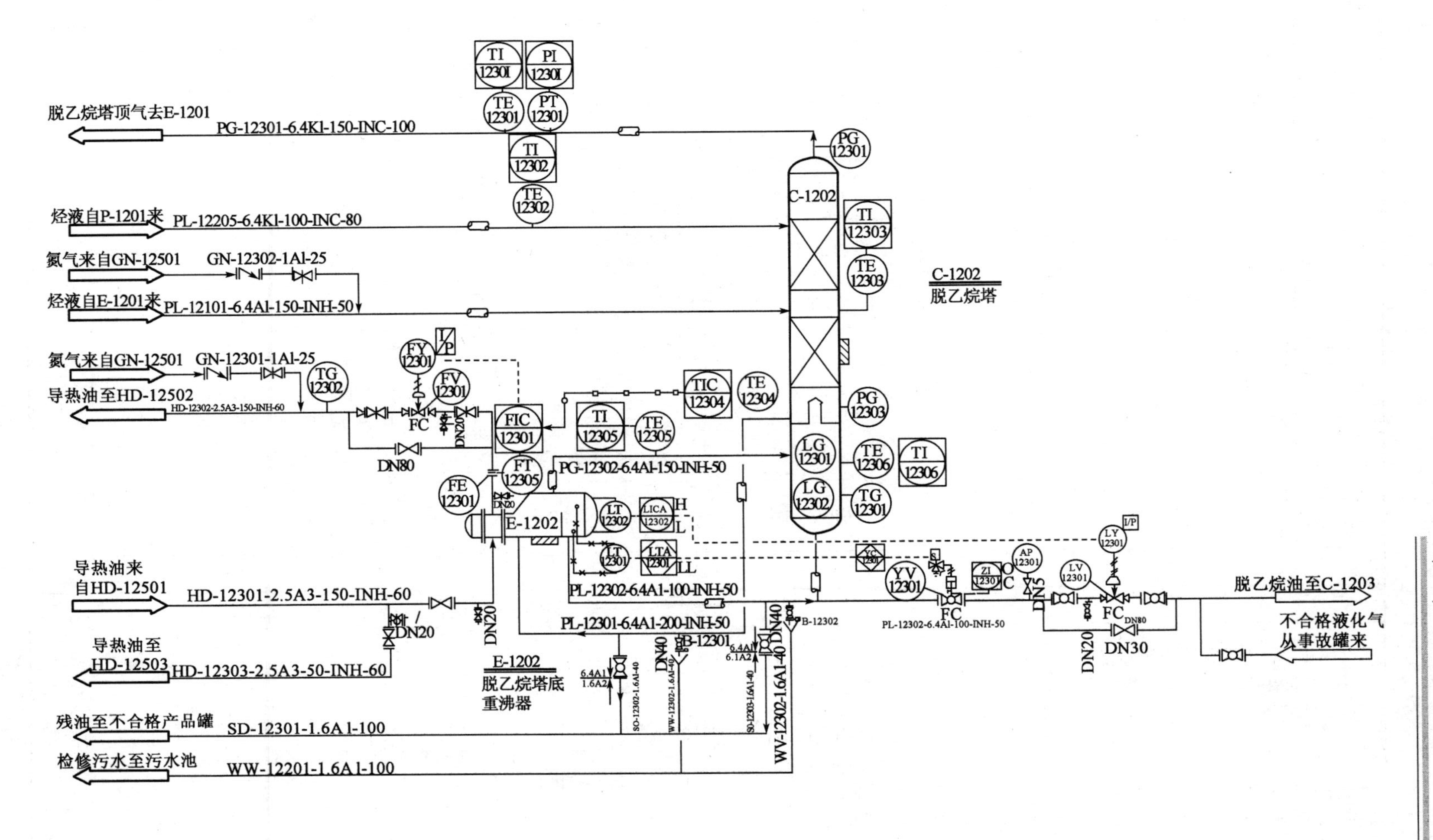

图6-3 节点1200-3工艺及仪表控制流程图

表 6-3　节点 1100-1 分析记录表

节点序号	节点描述	设计意图
1100-1	自集气装置来的原料气进入原料气重力分离器 D-1101，依次经原料气过滤分离器 F-1101、原料气聚结器 F-1102 后输往分子筛脱水塔，原料气聚结器 F-1102 分离产生的污水进入 D-1103 污水收集罐进行收集	将原料气通过重力分离器 D-1101、原料气过滤分离器 F-1101 及原料气聚结分离器 F-1102 后，分离原料气中的游离水和机械杂质，以满足下游分子筛脱水塔的气质要求。 D-1101：尺寸：×××；操作压力：×××；操作温度：×××； F-1101：尺寸：×××；操作压力：×××；操作温度：×××；过滤精度：×××； F-1102：尺寸：×××；操作压力：×××；操作温度：×××；过滤精度：×××； D-1103：尺寸：×××；操作压力：×××；操作温度：×××

图号	会议日期	参加人员
××××	××-×-×	

序号	偏差	分析对象	原因	后果	现有安全措施	风险分析			建议措施	责任单位
						严重性	可能性	风险等级		
1	无流量/流量低	进重力分离器原料气	阀门 YV11101 误关闭	造成阀前管道超压，超出设计压力时可能爆裂，从而导致可燃气体外泄，严重时遇明火引起火灾、爆炸及人员伤亡	PICA11101 压力集中指示及高高限报警；阀前管路设有安全泄放装置 PSV11101 安全阀和调压泄放系统 PV11101	2	2	Ⅰ		
2	无流量/流量低	去分子筛脱水塔原料气	FV11101 误关闭或前端工艺阀门误关闭	造成前端设备、管道超压，超出设计压力时可能爆裂，从而导致可燃气体外泄，严重时遇明火引起火灾、爆炸及人员伤亡	PICA11101 压力集中指示及高高限报警，PI11102 压力集中指示；阀前管路设有安全泄放装置 PSV11101 安全阀和调压泄放系统 PV11101，以及设备安全阀 PSV11102	2	1	Ⅰ		
3	无流量/流量低	凝析油	LA11103、LV1105 失效关闭或管路工艺阀门误关闭	排液不畅，导致分离器、过滤器、聚结器液位超高，凝析油带入下游，污染分子筛，从而导致分子筛失活	LICA11101、LICA11102、LA11101、LA11102 液位集中指示及高限报警；LCA11101、LCA11102 液位集中指示	2	1	Ⅰ		

续表

序号	偏差	分析对象	原因	后果	现有安全措施	风险分析			建议措施	责任单位
						严重性	可能性	风险等级		
4	流量高	集气装置来原料气	上游来量大	流量高直接反映为系统压力高，会导致超压的后果；此外，流量高也会增大脱水装置负荷，从而影响脱水效果	PICA11101 压力集中指示及高高限报警；阀前管路设有安全泄放装置 PSV11101 安全阀和调压泄放系统 PV11101；下游设有 AIA11301 水露点高限报警	3	1	Ⅰ		
5	压力高		参见第 1、2、4 条分析							
6	温度低	凝析油	排液阀 LV11103、LV11105 前后压差大，节流导致阀后低温	节流产生的低温可能使出口凝析油管路发生冻堵，严重时导致分离器、过滤器、聚结器液位超高，凝析油带入下游，污染分子筛，从而导致分子筛失活	LICA11101、LICA11102 液位集中指示及高限报警；LCA11101、LCA11102 液位集中指示	2	3	Ⅱ	建议核算冻堵风险，如有冻堵风险，建议增加伴热	××
7	液位高	D-1101\F-1101\F-1102	LV11103、LV11105 失效关闭或管路工艺阀门误关闭	排液不畅，导致分离器、过滤器、聚结器液位超高，凝析油带入下游，污染分子筛，从而导致分子筛失活	LICA11101、LICA11102、LA11101、LA11102 液位集中指示及高限报警；LCA11101、LCA11102 液位集中指示	2	2	Ⅰ		
8	液位高	D-1103	未及时排液	液位超高，严重时会导致原料气带液，影响后端分子筛装置操作	LA11103 液位集中指示及高限报警	1	3	Ⅰ		

续表

序号	偏差	分析对象	原因	后果	现有安全措施	风险分析			建议措施	责任单位
						严重性	可能性	风险等级		
9	液位低	D-1101	LV-11103故障全开	当液位低至无时，原料气进入凝析油处理装置，可能导致凝析油装置超压	LICA11101液位集中指示及低限报警、LCA11101低低限报警及紧急切断	2	2	Ⅰ		
10	液位低	F-1102	LV-11105故障全开	当液位低至无时，原料气进入凝析油处理装置，可能导致凝析油装置超压	LICA11102液位集中指示及低限报警、LCA11102低低限报警及紧急切断	2	2	Ⅰ		
11	液位低	D-1101、F-1101、F-1102、D-1103	去污水管线阀门误开或内漏	原料气进入污水系统，导致低压设备爆裂，可燃气体泄漏导致火灾、爆炸、人员伤亡	LICA11101、LICA11102液位集中指示及低限报警；LCA11101、LCA11102、LA11101、LA11102液位集中指示	3	3	Ⅲ	建议排污管线阀门设置双阀	××
12	开停工及检维修(条件缺失或不便)		原料气聚结器检修时，与原料气系统相连阀门发生泄漏	阀门泄漏导致天然气进入检修空间，严重时遇明火导致火灾、爆炸及人员伤亡	检修时人员佩戴可燃气体报警仪	3	3	Ⅲ	建议聚结器出口阀门增设盲板	××
13	开停工及检维修(条件缺失或不便)		检修时B-11101旁路DN25阀门失效开启	导致高压天然气进入低压检修系统，严重时遇明火导致火灾、爆炸及人员伤亡		3	3	Ⅲ	建议DN25旁通阀增设盲板	××
14	压差大	F-1101	滤芯堵塞	滤芯堵塞导致管路阻力增大，后端设备压力下降，装置处理能力下降	设置有现场压力表PG11102/11104	2	2	Ⅰ		
15	压差大	F-1102	滤芯堵塞	后端设备压力低，装置处理能力下降	设置有现场差压计PdG11101	2	2	Ⅰ	图中PdG11101应为PdG11102，请核对	

表 6-4　节点 1100-4 分析记录表

节点序号	节点描述	设计意图
1100-4	自分子筛冷吹塔 C-1101/B 来的冷吹气进入 E-1102 与出 C-1101/C 塔的富再生气换热后进入再生气加热器(E-1101)，加热后作为贫再生气去分子筛再生塔 C-1101/C。出分子筛再生塔 C-1101/C 后的富再生气经 E-1102 与冷吹塔 C-1101/B 来的贫再生气换热后进入再生气冷却器(E-1103)中与循环水换热冷却后去再生气分离器	将分子筛脱水塔来的再生气、冷吹气进行换热，冷吹气加热至 300℃后作为贫再生气，富再生气冷却后去再生气分离器。 E-1101：尺寸：×××；型号：××；操作压力：管程××壳程××；操作温度：入口××出口××； E-1102：尺寸：×××；型号：××；操作压力：管程××壳程××；操作温度：入口××出口××； E-1103：尺寸：×××；型号：××；操作压力：管程××壳程××；操作温度：入口××出口××
图号	会议日期	参加人员
××××	××-×-×	

序号	偏差	分析对象	原因	后果	现有安全措施	风险分析			建议措施	责任单位
						严重性	可能性	风险等级		
1	无流量/流量低	导热油	TV11401 误关闭；出再生气加热器工艺阀门误关闭	进入再生气加热器的导热油无流量，使得贫再生气得不到加热，分子筛得不到有效再生，从而导致产品气不合格以及影响下游脱烃装置	TICA11401 再生气温度集中指示及低限报警	3	2	Ⅱ	建议三通阀增设旁通	××
2	无流量/流量低	循环水	循环水管路工艺阀门误关闭	循环水无流量使得富再生气得不到有效冷却，再生气中的水分达不到再生气压缩机的要求，有可能损害压缩机	TIA11402 温度指示及高限报警	2	2	Ⅰ		
3	温度高	再生气	TV11401 阀位错误	再生气加热温度过高，影响再生效果	TICA11401 温度指示及高限报警	2	2	Ⅰ		

续表

序号	偏差	分析对象	原因	后果	现有安全措施	风险分析			建议措施	责任单位
						严重性	可能性	风险等级		
4	温度高	富再生气	同循环水无流量							
5	温度低	贫再生气	同导热油无流量							
6	泄漏	导热油	DN20阀门失效开启或人为误开启	人员烫伤		2	3	Ⅱ	建议导热油管线的DN20阀门上加堵头或盲法兰	××
7	错流	E-1101	加热器管程与壳程窜漏	管程为导热油，为低压侧，当管程和壳程窜漏时，再生气进入导热油系统，可能使导热油系统超压，爆裂，因天然气泄漏引发火灾及爆炸事故	设备选型选材按高温高压标准考虑	3	2	Ⅱ	建议导热油系统膨胀罐排气口设置可燃气体检测仪	××
8	错流	E-1103	冷却器管程与壳程窜漏	管程为循环水，为低压侧，当管程和壳程窜漏时，再生气进入循环水系统，可能使循环水系统超压、爆裂，因天然气泄漏引发火灾及爆炸事故	设备选型选材按高温高压标准考虑	3	2	Ⅱ	建议管壳程采用等压设计，循环水回收池设置可燃气体检测仪	××
9	错流	氮气	氮气管线位于氮气总管，未有效隔断；阀门失效	阀门失效时，导热油可能窜入氮气系统，损坏设备，导致人员受伤等后果		2	2	Ⅰ	建议止回阀前加切断阀	××

表 6-5 节点 1200-3 分析记录表

<table>
<tr><td>节点序号</td><td colspan="4">节点描述</td><td colspan="6">设计意图</td></tr>
<tr><td>1200-3</td><td colspan="4">自低温分离器分出的液烃经原料气预冷器换热后进入脱乙烷塔(C-1202)中部进行分馏。二次脱烃塔塔底出来的凝液送至脱乙烷塔(C-1202)上部作为塔顶进料。脱乙烷塔(C-1202)塔顶气返回至原料气预冷器(E-1201)中冷却。从脱乙烷塔(C-1202)底出来的脱乙烷油节流后去脱丁烷塔。自导热油系统来的高温导热油进入脱乙烷塔底重沸器(E-1202)为脱乙烷塔(C-1202)提供热量</td><td colspan="6">把从低温分离器(D-1201)分出的液烃和二次脱烃塔(C-1201)塔底出来的凝液在脱乙烷塔(C-1202)中进行分馏,分离烃液中 C_{2+} 组分成为产品气,C_{3+} 组分去下游进一步分离。
C-1202:尺寸:×××;设计压力:×××;设计温度:×××;
E-1202:尺寸:×××;型号:××;操作压力:管程××壳程××;操作温度:入口××出口××</td></tr>
<tr><td colspan="4">图号</td><td>会议日期</td><td colspan="6">参加人员</td></tr>
<tr><td colspan="4">××××</td><td>××-×-×</td><td colspan="6"></td></tr>
<tr><td rowspan="2">序号</td><td rowspan="2">偏差</td><td rowspan="2">分析对象</td><td rowspan="2">原因</td><td rowspan="2">后果</td><td rowspan="2">现有安全措施</td><td colspan="3">风险分析</td><td rowspan="2">建议措施</td><td rowspan="2">责任单位</td></tr>
<tr><td>严重性</td><td>可能性</td><td>风险等级</td></tr>
<tr><td>1</td><td>无流量/流量低</td><td>脱乙烷油</td><td>LV12301 失效关闭或其前后切断阀误关闭;YV12301 失效关闭</td><td>脱乙烷塔液位上升,严重时导致泛塔,产品气不合格</td><td>LICA12302 液位集中指示、高限报警,LIA12301 液位集中指示,调节阀设有旁路阀</td><td>1</td><td>3</td><td>Ⅰ</td><td></td><td></td></tr>
<tr><td>2</td><td>无流量/流量低</td><td>导热油</td><td>FV12301 失效关闭或其前后切断阀误关闭,FE12301 堵塞</td><td>导热油无流量导致脱乙烷塔无加热热源,脱乙烷塔底温度降低,进料得不到充分分馏,轻质组分进入脱丁烷塔,使脱丁烷塔超压</td><td>TI12305、TIC12304 温度集中指示;FIC12301 流量指示</td><td>3</td><td>2</td><td>Ⅱ</td><td>建议增设 TI12304 低温报警</td><td>××</td></tr>
<tr><td>3</td><td>流量高</td><td>脱乙烷油</td><td>LV12301 失效全开或其旁路阀门误开启</td><td>塔底切断阀全开可能导致脱乙烷塔液位下降,严重时导致气相窜入下游脱丁烷塔,使脱丁烷塔超压、爆裂</td><td>脱乙烷油管路设有紧急切断阀 YV12301,LICA12302 液位集中指示、低限报警,LIA12301 液位集中指示、低低液位报警</td><td>3</td><td>1</td><td>Ⅰ</td><td></td><td></td></tr>
<tr><td>4</td><td>流量高</td><td>导热油</td><td>FV12301 全开或其旁路阀门误开启</td><td>导热油流量大,流量过大使得塔底温度过高,可能使更多的轻质组分分出,从而使得液烃产品量降低</td><td>TI12305、TIC12304 温度集中指示</td><td>2</td><td>3</td><td>Ⅱ</td><td>建议增设 TI12304 高温报警</td><td>××</td></tr>
<tr><td>5</td><td>压力高</td><td>脱乙烷塔</td><td>火灾泄压;冷流中断</td><td>脱乙烷塔超压损坏</td><td></td><td>3</td><td>2</td><td>Ⅱ</td><td>建议脱乙烷塔设置安全阀</td><td>××</td></tr>
</table>

续表

序号	偏差	分析对象	原因	后果	现有安全措施	风险分析			建议措施	责任单位
						严重性	可能性	风险等级		
6	温度高	脱乙烷塔	FV12301 全开或其旁路阀门误开启	导热油流量大，流量过大使得塔底温度过高，可能使更多的轻质组分分出，从而使得液烃产品量降低	TI12305、TIC12304 温度集中指示	2	3	Ⅱ	建议增设TI12405 高温报警	××
7	温度低	脱乙烷塔	FV12301 失效关闭或其前后切断阀误关闭，FE12301 堵塞	导热油无流量导致脱乙烷塔无加热热源，脱乙烷塔底温度降低，进料得不到充分分馏，轻质组分进入脱丁烷塔，使脱丁烷塔超压	TI12305、TIC12304 温度集中指示	2	3	Ⅱ	建议增设TI12405 低温报警	××
8	液位高	脱乙烷塔	LV12301 失效关闭或其前后切断阀误关闭；YV12301 失效关闭	脱乙烷塔液位上升，严重时导致泛塔，产品气不合格	LICA12302 液位集中指示、高限报警，LIA12301 液位集中指示，调节阀设有旁路阀	1	3	Ⅰ		
9	液位低	脱乙烷塔	LV12301 失效全开或其旁路阀门误开启	塔底切断阀全开可能导致脱乙烷塔液位下降，严重时导致气相窜入下游脱丁烷塔，使脱丁烷塔超压、爆裂	脱乙烷油管路设有紧急切断阀YV12301，LICA12302 液位集中指示、低限报警，LIA12301 液位集中指示、低低液位报警	3	1	Ⅰ		
10	泄漏	导热油排气阀	导热油排气阀泄漏或人为误开启	排气阀误开启时，高温导热油喷出，可能导致人员烫伤	TIC12304 温度集中指示，FIC12301 流量集中指示	1	3	Ⅰ	建议排气阀增设堵头	××
11	泄漏	重沸器低位回收管线SO-12302、12303 上至不合格产品罐低位阀	至不合格产品罐低位阀失效开启	该阀前后压差大，失效时会使高压脱乙烷油进入低压不合格产品罐，使其压裂	LICA12302 液位集中指示、低限报警，LIA12301 液位集中指示、低低液位报警	3	3	Ⅲ	建议该处设双阀	××
12	泄漏		氮气吹扫阀门失效开	高压气体或液体进入氮气系统、导致氮气系统管线超压、破裂		3	2	Ⅱ	建议氮气吹扫管阀门加盲板	××
13	压差大	脱乙烷塔	填料堵塞	填料堵塞使脱乙烷塔压差增大，严重时导致淹塔		3	2	Ⅱ	建议脱乙烷塔增设压差指示报警	××
14	其他		排气阀、排液阀失效开启或误开启	可燃气体或液体排入大气，遇明火可能导致火灾、爆炸		3	2	Ⅱ	建议排气阀、排液阀处加堵头	××

表 6-6　××油气处理厂初步设计 HAZOP 分析建议措施表(部分典型节点)

编号	节点	原因	后果	现有安全措施	风险等级	建议措施	责任单位	采纳情况
1	1100-1	排液阀 LV11103、LV11105 前后压差大,节流导致阀后低温	节流产生的低温可能使出口凝析油管路冻堵,严重时导致分离器、过滤器、聚结器液位超高,凝析油带入下游,污染分子筛,从而导致分子筛失活	LICA11101、LICA11102 液位集中指示及高限报警;LCA11101、LCA11102 液位集中指示	Ⅱ	建议核算冻堵风险,如有冻堵风险,建议增加伴热	××	采纳,已核算,无冻堵风险
2	1100-1	去污水管线阀门误开或内漏	原料气进入污水系统,导致低压设备爆裂,可燃气体泄漏导致火灾、爆炸及人员伤亡	LICA11101、LICA11102 液位集中指示及低限报警;LCA11101、LCA11102、LA11101、LA11102 液位集中指示	Ⅲ	建议排污管线阀门设置双阀	××	采纳
3	1100-1	原料气聚结器检修时,与原料气系统相接阀门泄漏	阀门泄漏导致天然气进入检修空间,严重时遇明火导致火灾、爆炸及人员伤亡	检修时人员佩戴可燃气体报警仪	Ⅲ	建议聚结器出口阀门增设盲板	××	采纳
4	1100-1	检修时 B-1101 旁路 DN25 阀门失效开	导致高压天然气进入低压检修系统,严重时遇明火导致火灾、爆炸、人员伤亡		Ⅲ	建议 DN25 旁通阀增设盲板	××	采纳
5	1100-4	TV11401 误关闭;出再生气加热器工艺阀门误关闭	进入再生气加热器的导热油无流量,使得贫再生气得不到加热,分子筛得不到有效再生,从而导致产品气不合格以及影响下游脱烃装置	TICA11401 再生气温度集中指示及低限报警	Ⅱ	建议三通阀增设旁通	××	采纳
6	1100-4	导热油 DN20 阀门失效开启或人为误开启	导热油喷出,高温导热油导致人员烫伤		Ⅱ	建议在导热油管线的 DN20 阀门上加堵头或盲法兰	××	采纳
7	1100-4	E-1101 加热器管程与壳程窜漏	管程为导热油,为低压侧,当管程和壳程窜漏时,再生气进入导热油系统,可能使导热油系统超压,爆裂,天然气泄漏、火灾、爆炸	设备选型选材按高温高压标准考虑	Ⅱ	建议导热油系统膨胀罐排气口设置可燃气体检测仪	××	采纳
8	1100-4	E-1103 冷却器管程与壳程窜漏	管程为循环水,为低压侧,当管程和壳程窜漏时,再生气进入循环水系统,可能使循环水系统超压、爆裂,因天然气泄漏引发火灾及爆炸事故	设备选型选材按高温高压标准考虑	Ⅱ	建议管壳程采用等压设计,循环水回收池设置可燃气体检测仪	××	采纳

续表

编号	节点	原因	后果	现有安全措施	风险等级	建议措施	责任单位	采纳情况
9	1100－4	氮气管线位于氮气总管，未有效隔断；阀门失效	阀门失效时，导热油可能窜入氮气系统，损坏设备，导致人员受伤等		Ⅰ	建议止回阀前加切断阀	××	采纳
10	1200－3	FV12301失效关闭或其前后切断阀误关闭，FE12301堵塞	导热油无流量导致脱乙烷塔无加热热源，脱乙烷塔底温度降低，进料得不到充分分馏，轻质组分进入脱丁烷塔，使脱丁烷塔超压	TI12305、TIC12304温度集中指示；FIC12301流量指示	Ⅱ	建议设TI12304增设低温报警	××	采纳
11	1200－3	FV12301全开或其旁路阀门误开启	导热油流量大，流量过大使得塔底温度过高，可能使更多的轻质组分分出，从而使得液烃产品量降低	TI12305、TIC12304温度集中指示	Ⅱ	建议增设TI12304高温报警	××	采纳
12	1200－3	火灾泄压；冷流中断	脱乙烷塔超压损坏		Ⅱ	建议脱乙烷塔设置安全阀	××	采纳
13	1200－3	导热油排气阀泄漏或人为误开启	排气阀误开启时，高温导热油喷出，可能导致人员烫伤	TIC12304温度集中指示，FIC12301流量集中指示	Ⅰ	建议排气阀增设堵头	××	采纳
14	1200－3	至不合格产品罐低位阀失效开启	该阀前后压差大，失效时会使高压脱乙烷油进入低压不合格产品罐，使其压裂	LICA12302液位集中指示、低限报警，LIA12301液位集中指示、低低液位报警	Ⅱ	建议该处设置双阀	××	采纳
15	1200－3	氮气吹扫阀门失效开	高压气体或液体进入氮气系统，导致氮气系统管线超压、破裂		Ⅱ	建议氮气吹扫管阀门加盲板	××	采纳
16	1200－3	脱乙烷塔填料堵塞	填料堵塞使脱乙烷塔压差增大，严重时导致淹塔		Ⅱ	建议脱乙烷塔增设压差指示报警	××	采纳
17	1200－3	排气阀、排液阀失效开或误开启	可燃气体或液体排入大气，遇明火可能导致火灾、爆炸		Ⅱ	建议排气阀、排液阀处加堵头	××	采纳
……	……	……	……	……	……	……	……	……

置在生产运行中存在的潜在危害因素，为天然气净化厂工艺系统的安全掌控、操作与运行管理、操作规程的更新以及大修或技改提供指导意见。

二、工程概述

（一）原料气组成

该厂原料气为含硫天然气，具体的气质组成见表6-7。

表6-7 原料气组成

组　　分	含量,%（摩尔分数）
H_2S	0.75
CO_2	1.50
H_2O	0.06
CH_4	96.02
C_2H_6	0.62
C_3H_8	0.09
C_4H_{10}	0.00
N_2	0.96
合计	100

（二）产品气指标

天然气净化厂产品气质量符合国家标准《天然气》（GB 17820—2012）一类气技术指标，有关参数见表6-8。

表6-8 天然气气质指标

项　　目	数　　值
H_2S含量，mg/m^3	≤6
总硫含量（以硫计），mg/m^3	≤60
CO_2含量,%（体积分数）	≤2%
水露点,℃	≤−10（在出厂压力条件下）

（三）产品硫黄指标

产品硫黄质量符合国家标准《工业硫黄 》（GB 2449—2006）的优等品指标，有关参数见表6-9。

表6-9 产品硫黄指标

序号	项目	优等品
1	硫，%（质量分数）	≥99.9
2	水分，%（质量分数）	≤0.1
3	灰分，%（质量分数）	≤0.03
4	酸度（以 H_2SO_4 计），%（质量分数）	≤0.003
5	有机物，%（质量分数）	≤0.03
6	砷（As），%（质量分数）	≤0.0001
7	铁（Fe），%（质量分数）	≤0.003
8	颜色	亮黄

三、主体工艺装置概况

（一）原料气过滤分离装置

本单元采用重力分离和过滤分离作用分离出原料气中夹带的凝析油、游离水和固体杂质。重力分离器主要是将原料天然气中较大直径的液滴和机械杂质进行沉降分离，过滤分离器主要是过滤出原料气中游离态的液体以及直径大于 3μm 的机械杂质，其过滤精度达到 99.98%。

（二）脱硫装置

本单元采用化学吸收法，利用甲基二乙醇胺（MDEA）溶液脱除天然气中的 H_2S，采用质量分数为 40%的 MDEA 水溶液在吸收塔内通过气液逆流接触进行脱硫，在约 5.8MPa、40℃下吸收天然气中的酸性组分，然后在 0.07MPa、98℃下将吸收的组分解吸出来。

（三）脱水装置

本单元使用三甘醇进行吸湿性液体脱水，将天然气中的水分吸收进入三甘醇溶液中。吸收了水分的三甘醇富液在低压高温的条件下将水分蒸发出去，采用加热再生的方法再加上干气气提，可得到质量分数约为 99.7%的三甘醇溶液。

（四）硫黄回收装置

1. 热转化段

常规克劳斯工艺要求调节空气酸气比使尾气中 H_2S/SO_2 的比例正好为 2∶1，即克劳斯反应中最佳的 H_2S/SO_2 比率；超级克劳斯工艺则要求通过调节空气酸气比来控制第三级克劳斯反应器出口的 H_2S 浓度，其热转化段以非克劳斯比率运行（即 H_2S/SO_2 高于 2∶1）。

超级克劳斯硫黄回收工艺热转化段通过调节空气流量使进料中的 H_2S 部分燃烧，碳氢化合物完全氧化，同时使第三级克劳斯反应器出口 H_2S 为0.7%（体积分数）左右。在线分析仪在第三级克劳斯反应器出口分析过程气中 H_2S 含量，并反馈控制进主燃烧炉的空气流量。其操作关键是对进入超级克劳斯反应器的 H_2S 浓度进行控制，而不是常规克劳斯工艺通常要求的 H_2S/SO_2 比率的控制。

热转化段的反应如下所示。

部分 H_2S 燃烧：

$$H_2S+1.5O_2 \longrightarrow SO_2+H_2O+Q \tag{6-1}$$

剩余的 H_2S 与 SO_2 反应生成硫：

$$2H_2S+SO_2 \rightleftharpoons 1.5S_2+2H_2O-Q \tag{6-2}$$

然后，废热锅炉移走过程气的部分热量，将气相硫冷凝回收。

2. 克劳斯催化段

在三级催化反应段，过程气中残留的 H_2S 和 SO_2 在催化剂作用下进一步转化生成硫，即克劳斯反应，如下所示：

$$2H_2S+SO_2 \longleftrightarrow 3/xS_x+2H_2O+Q \tag{6-3}$$

其中，在第一级和第二级克劳斯反应器后冷凝回收硫，有利于下一步催化反应能生产更多的硫；克劳斯段采用 H_2S 过量操作，过量 H_2S 的存在可抑制气体中 SO_2 的浓度。

3. 超级克劳斯段

来自第三级克劳斯反应器的过程气与过量空气混合后，进入超级克劳斯反应器。在超级克劳斯反应器中采用选择性氧化催化剂，发生的反应如下：

$$H_2S+0.5O_2 \longrightarrow 1/xS_x+H_2O \tag{6-4}$$

该反应热力学反应完全，过量空气的存在使 H_2S 的转化率很高，同时超级克劳斯选择性氧化催化剂不会促进硫蒸气与工艺气体中的水汽发生克劳斯逆反应，因此可以获得较高的硫转化率。

4. 液硫脱气工艺

硫黄回收装置中产生的液硫含有大约 300×10^{-6}（质量分数）的 H_2S，其中一部分通过化学方式结合成多硫化物，一部分通过物理方式溶解。采用壳牌脱气工艺能将液硫中 H_2S 的质量浓度减小到小于 10×10^{-6}（质量分数）。

通过鼓泡器将空气注入液硫中，一方面可将溶解了的 H_2S 从液硫中分离出来，另一方面可将其氧化生成元素硫。同时，H_2S 从液硫中的分离将有助于多硫化物分解成 H_2S 和硫。

5. 灼烧炉

来自超级克劳斯装置的尾气以及来自液硫脱气工艺的排出气体仍然含有微量的硫化合物，这些硫化合物在灼烧炉内焚烧产生 SO_2，并通过尾气烟囱排入大气，以减少对环境的污染。

四、HAZOP分析

（一）分析筹备

1. HAZOP工作组的组成

本次HAZOP分析工作组由HAZOP分析人员、各专业技术人员、检维修人员、××天然气净化厂管理人员、现场操作人员及特邀专家组成。

2. 资料收集

HAZOP分析资料满足Q/SY 1363—2011《工艺安全信息管理规范》的要求，包括物料危害数据资料、设备设计资料、工艺设计资料等。由于此次针对的是在役装置HAZOP分析，资料收集方面还包括以下资料：装置历次分析评价的报告；相关的技改、技措变更记录和检维修记录；装置历次事故记录及调查报告；装置现行操作规程和规章制度。

（二）节点划分

根据HAZOP分析节点划分原则，结合装置的具体情况，将××天然气净化厂装置划分为33个节点（略），主要针对主工艺单元（天然气过滤分离装置、脱硫装置、脱水装置、硫黄回收装置）进行，并兼顾公用工程和辅助生产设施的分析。

（三）HAZOP分析方法培训

在HAZOP分析工作开始前，分析小组组长（主持人）对小组人员进行了HAZOP分析相关知识培训。培训内容包括：HAZOP分析原理和方法、分析对象的情况及工作范围、HAZOP分析工作计划、分析工作相关纪律和要求等。

（四）HAZOP工作会议

为方便××天然气净化厂基层技术和操作人员参与，使分析成果更好地服务于现场实际工作，本次HAZOP分析会议于×年×月×日至×月×日在××天然气净化厂举行。

五、典型节点分析

（一）节点1200－1

1. 工艺介绍

节点1200－1包括脱硫吸收塔C－1201（I）、MDEA溶液循环泵P－1201（I）A/B、湿净化气分离器D－1201（I）及出入口管线。

含硫天然气在10～30℃、约5.8MPa（G）条件下进入脱硫吸收塔（C－1201）下部。在塔内，含硫天然气自下而上与质量分数为40%的MDEA贫液逆流接触，气体中几乎全部

H_2S 和部分 CO_2 被胺液吸收脱除。在吸收塔第 10 层、12 层、16 层塔盘分别设置胺贫液入口，可根据含硫天然气中 H_2S 和 CO_2 含量变化情况调节塔的操作，以确保净化气的质量指标。出塔湿净化气经湿净化气分离器（D—1201）分液后，在 45℃、约 5.75MPa（G）的条件下送往脱水装置进行脱水处理。工艺及仪表控制流程见图 6－4。

2. 分析讨论

对该节点的分析讨论见表 6－10。

（二）节点 1300－3

1. 工艺介绍

节点 1300－3 包括三甘醇富液再生、再生气分液、焚烧系统相关设备及进出口管线。

过滤后的富液经 TEG 贫/富液换热器 E－1303（I）换热后进入再生器富液精馏柱 CH－130（I）上部提浓。TEG 富液在 TEG 再生器中被加热至 200±2℃后，经贫液精馏柱、TEG 缓冲罐 D－1303（I）进入 TEG 贫/富液换热器 E－1303（I）中与过滤后的 TEG 富液换热。TEG 富液再生产生的再生气，经再生气分液罐 D－1305（I）分液后，进入再生气焚烧炉 H－1302（I）焚烧排入大气。工艺及仪表控制流程图见图 6－5。

2. 分析讨论

对该节点的分析讨论见表 6－11。

（三）节点 1400－1

1. 工艺介绍

节点 1400－1 包括主风机 K－1401（I）/A、K－1401（I）/B 及其相关配风管线。主风机向主燃烧器提供燃烧空气，同时还向其他燃烧器、超级克劳斯段及液硫脱气系统供风。工艺及仪表控制流程图见图 6－6、图 6－7。

2. 分析讨论

对该节点的分析讨论见表 6－12。

六、分析结论及建议

本次 HAZOP 分析包含原料天然气过滤分离装置、脱硫装置、脱水装置、硫黄回收装置、硫黄成型装置、污水处理装置、火炬及放空系统、新鲜水系统、锅炉及锅炉给水设施、循环冷却水设施、空气氮气站、燃料气系统等相关装置。所涉及的图纸为××天然气净化厂在役装置工艺及仪表控制流程图（PID 图）。本次 HAZOP 分析涉及图纸资料共计 49 张，划分节点 33 个，分析偏差 406 项，提出建议措施 21 项，主要涉及工艺优化、自控方案优化、运行及操作等方面。在分析过程中，引入了风险评估的方法，以提高分析的准确度。典型节点的部分建议措施见表 6－13，这些建议可以为装置大修或整改提供参考。经××天然气净化厂及其主管部门反馈，全部采纳。

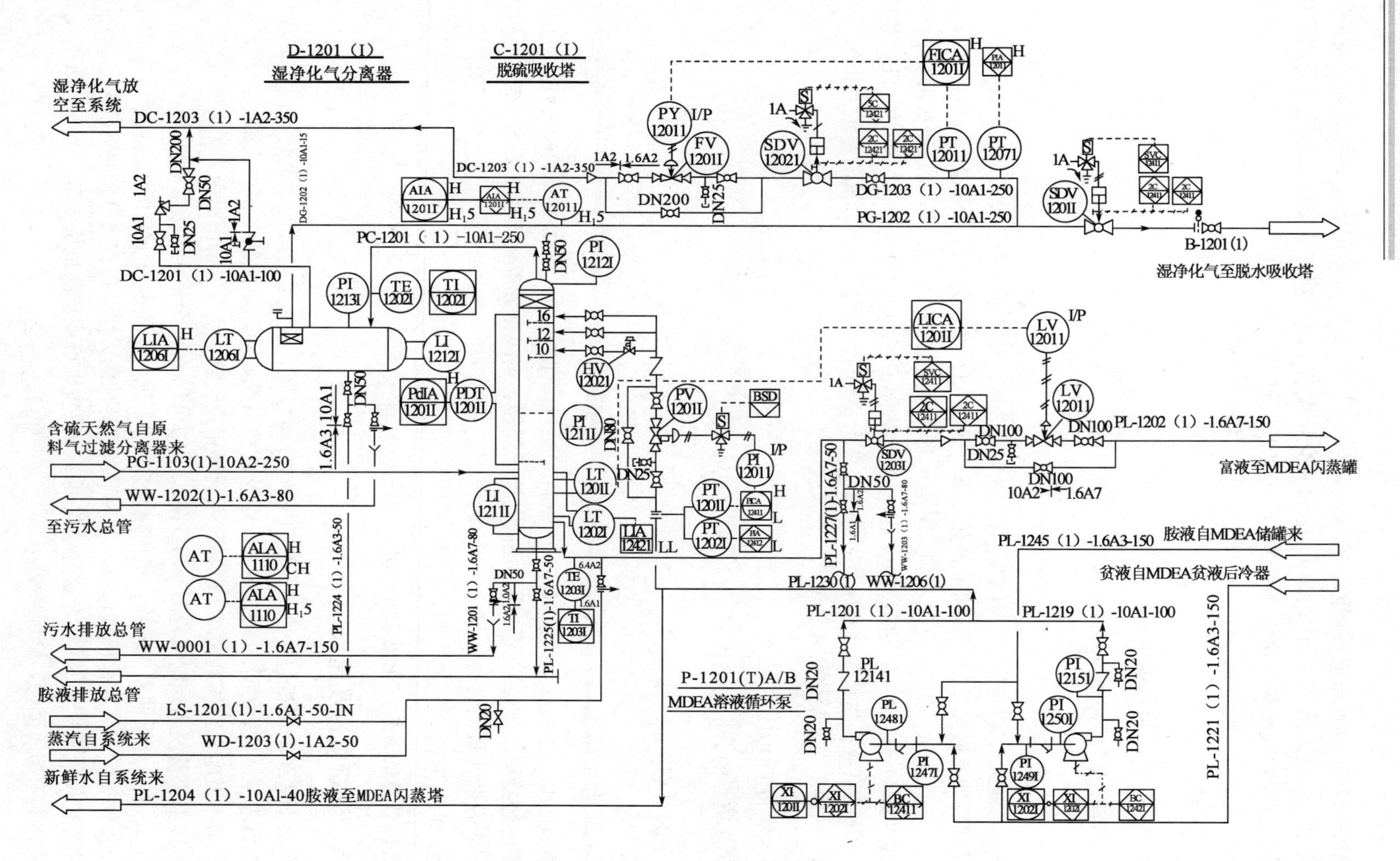

图6-4　节点1200-1工艺及仪控流程图

表 6-10　节点 1200-1 分析记录表

节点序号	节点描述	设计意图
1200-1	自过滤分离装置来的含硫天然气进入脱硫吸收塔 C-1201(I)，与自再生塔来由贫液循环泵 P-1201(I)A/B 压送进塔的 MDEA 溶液进行逆向接触，塔顶出来的湿净化气进入湿净化气分离器 D-1201(I)，分离后输往下游脱水装置，脱硫吸收塔 C-1201(I)塔底产生的 MDEA 富液液位调节控制阀 LV-1201 控制输往 MDEA 闪蒸罐	贫液经 MDEA 溶液循环泵 P-1201(I)A/B 增压后进入吸收塔与原料气逆流接触，将含硫原料天然气中的 H_2S 和 CO_2 进行脱除，使其满足产品气的气质要求。脱硫脱碳后的湿净化气进入湿净化气分离器，分离湿净化气中携带的 MDEA 溶液后去脱水装置。 C-1201(I)：尺寸：×××；操作压力：×××；操作温度：×××； D-1201(I)：尺寸：×××；操作压力：×××； P-1201(I)A/B：规格型号：×××；扬程：×××；流量：×××

图号	会议日期	参加人员
××	×年×月×日	

序号	偏差	分析对象	原因	后果	现有安全措施	风险分析			建议措施	责任单位
						严重性	可能性	风险等级		
1	无流量/流量低	贫液	溶液循环泵 P-1201(I)A/B 故障	泵故障会导致贫液无流量，从而使得净化气不达标，加速管线腐蚀，严重时发生管道泄漏，导致人员中毒	泵状态指示 XI1201I、XI1202I，流量集中指示及低限报警 FICA1201I、FIA1202I；下游设有 H_2S 在线监测及高限报警 AIA1201；泵一用一备；系统联锁	2	2	I		
2	无流量/流量低	贫液	泵不上量或溶液循环泵 P-1201(I)A/B 进出口阀门误关闭	贫液循环量下降，净化气不达标，加速管线腐蚀，严重时发生管道泄漏，导致人员中毒；长期运转造成溶液循环泵损坏	泵状态指示 XI1201I、XI1202I，流量集中指示及低限报警 FICA1201I、FIA1202I；H_2S 在线监测及高限报警 AIA1201；泵一用一备；系统联锁	1	2	I		
3	无流量/流量低	贫液	溶液循环泵 P-1201(I)A/B 进口过滤器堵塞	贫液循环量下降，净化气不达标，加速管线腐蚀，严重时发生管道泄漏，导致人员中毒；长期运转造成溶液循环泵损坏	泵前后设置有压力现场指示 PI1247I、PI1248I、PI1249I、PI1250I，流量集中指示及低限报警 PICA1201I、PIA1202I；下游设有 H_2S 在线监测及高限报警 AIA1201I	2	1	I		

续表

序号	偏差	分析对象	原因	后果	现有安全措施	风险分析			建议措施	责任单位
						严重性	可能性	风险等级		
4	无流量/流量低	贫液	PV1201I故障关闭或前后切断阀误关闭	贫液循环量下降，净化气不达标，加速管线腐蚀，严重时发生管道泄漏，导致人员中毒；长期运转造成溶液循环泵损坏	流量集中指示及低限报警PICA1201I、PIA1202I；下游设有H_2S在线监测及高限报警AIA1201I；泵状态指示XI1201I、XI1202I；系统联锁	2	2	I		
5	无流量/流量低	富液	SDV1203I故障关闭	富液无流量，使得吸收塔液位升高，严重时导致泛塔，净化气不达标	液位集中指示及高限报警LICA1201I、液位集中指示LIA1202I，液位现场指示LI1211I，差压集中及高跟报警PdIA1201I，压力现场指示PI1211I、PI1212I	1	2	I		
6	无流量/流量低	富液	LV1201I故障关闭或前后切断阀误关闭	富液无流量，使得吸收塔液位升高，严重时导致泛塔，净化气不达标	液位集中指示及高限报警LICA1201I、液位集中指示LIA1202I，液位现场指示LI1211I，差压集中及高限报警PdIA1201I，压力现场指示PI1211I、PI1212I、LV1201设置有开度指示	1	2	I		
7	流量高	原料气	上游进气量大	原料气流量大导致泛塔，使净化气不达标，加速管线腐蚀，严重时使用户人员中毒	吸收塔设置差压集中及高限报警PdIA1201I，压力现场指示PI1211I、PI1212I；下游设有H_2S在线监测及高限报警AIA1201；下游设有压力集中指示及高限报警PI1207I、PIA1201I；系统联锁	2	2	I		

续表

序号	偏差	分析对象	原因	后果	现有安全措施	风险分析			建议措施	责任单位
						严重性	可能性	风险等级		
8	流量高	贫液	PV1201I故障全开或旁通阀误开启	贫液流量大使得吸收塔液位上升，泛塔，净化气带液严重，净化气不达标	吸收塔设置液位集中指示及高限报警LICA1201I，液位集中指示LIA1202I，差压集中及高限报警PdIA1201I，压力现场指示PI1211I、PI1212I；流量集中指示及高限报警FICA1201I	1	2	I		
9	压力高	吸收塔	上游来气压力高	系统压力升高、设备及管道超压、导致有毒可燃气体外泄、严重时遇明火引起火灾、爆炸、人员伤亡	湿净化气分离器设有安全阀，压力集中指示及高限报警PIA1207I、PIA1201I，紧急放空阀SDV1201，调压放空阀PV1201I	2	2	I		
10	压力高	吸收塔	SDV1201I故障关闭，净化气出口阀门误关闭	阀前设备及管道超压，导致有毒可燃气体外泄，严重时遇明火引起火灾、爆炸、人员伤亡	压力集中指示及高限报警PIA1207I、PIA1201I，设有紧急切断阀SDV1201I，调压放空阀PV1201I、湿净化气分离器设置有安全阀PSV1201I	2	2	I		
11	压力低	吸收塔	上游来气压力低	原料气压力低，造成塔盘漏液，装置停产	压力现场指示PI1211I、PI1212I，压力集中指示PI1207I、PI1201I	1	2	I		
12	温度高	原料气	上游来气温度高	原料气温度高，降低了MDEA的选吸性能，可能导致净化气不达标	下游设有H_2S在线监测及高限报警AIA1201；前端设置有温度现场指示	2	2	I		
13	温度高	贫液	上游溶液冷却效果差	净化气不达标、溶液损耗增大，温度严重超高时造成溶液循环泵损坏	上游设有温度检测；下游设有H_2S在线监测及高限报警AIA1201	1	2	I		

续表

序号	偏差	分析对象	原因	后果	现有安全措施	风险分析			建议措施	责任单位
						严重性	可能性	风险等级		
14	液位高	吸收塔	SDV12031故障关，LV1201I故障关或前后切断阀误关闭	富液无流量，使得吸收塔液位升高，严重时导致泛塔，净化气不达标	液位集中指示及高限报警LICA1201I、液位集中指示LIA1202I，液位现场指示LI1211I，差压集中及高限报警PdIA1201I，压力现场指示PI1211I、PI1212I	2	2	I		
15	液位高	湿净化气分离器	排污不及时；吸收塔雾沫夹带严重	液位超高时，可能使净化气夹带胺液，污染三甘醇溶液	液位现场指示LI1212I，液位集中指示及高限报警LIA1206I	1	2	I		
16	液位低	吸收塔	LV1201I故障全开或旁通阀误开启	吸收塔液位降低，导致高压气体窜入低压系统，设备及管道超压，有毒可燃气体外泄，严重时遇明火引起火灾、爆炸、人员伤亡	液位集中指示及低限报警LICA1201I、LIA1202I，液位现场指示LI1211I，设置有低低液位联锁阀SDV1203I	2	2	I		
17	液位低	吸收塔	贫液来量小，吸收塔溶液发泡拦液或系统波动	吸收塔液位低，导致高压气体窜入低压系统，设备及管道超压，有毒可燃气体外泄，严重时遇明火引起火灾、爆炸、人员伤亡	液位集中指示及低限报警LICA1201I、LIA1202I，液位现场指示LI1211I，设置有低低液位联锁阀SDV1203I	2	2	I		
18	液位低	湿净化气分离器	手动排污操作失误	净化气进入溶液储罐，导致可燃气体溢出，严重时遇明火引起火灾，爆炸，人员伤亡	液位现场指示LI1212I，液位集中指示LIA1206I	2	2	I		

续表

序号	偏差	分析对象	原因	后果	现有安全措施	风险分析			建议措施	责任单位
						严重性	可能性	风险等级		
19	泄漏		设备、液位计、管道破裂，法兰连接处泄漏、腐蚀穿孔、阀门密封填料泄漏	有毒可燃气体外泄，严重时遇明火引起火灾，爆炸，人员伤亡	配置有固定式和便捷式可燃、有毒气体检测及远程报警	2	2	I		
20	错流	贫液	溶液循环泵故障	泵故障突然停转，可能使天然气倒流进入贫液管线，损坏溶液循环泵	总管上设置有止回阀，泵后设置有止回阀	2	2	I		
21	差压	原料气	原料气带入污染物过多	造成脱硫溶液污染发泡，塔盘及浮阀堵塞，造成拦液，使得产品气不合格	前端设有分离过滤系统；设有阻泡系统；差压集中及高限报警 PdIA1201I，压力现场指示 PI1211I、PI1212I	1	2	I		
22	组分变化	贫液	溶液变质、产生热稳定盐	加剧设备、管线腐蚀，造成净化气不达标	定期分析溶液组成；定期设备检测	2	2	I		
23	组分变化	原料气	H_2S 含量高	净化气不达标	下游设有净化气 H_2S 在线监测机高限报警 AIA1201	2	2	I		
24	其他		FV1201 兼作流量调节和联锁切断用	不符合相关规范要求（SY/T 10045—2003《工业生产过程中安全仪表系统的应用》、IEC61511）		3	2	II	FV1201 不兼作切断阀使用；建议增设流量低低联锁切断阀	××净化厂

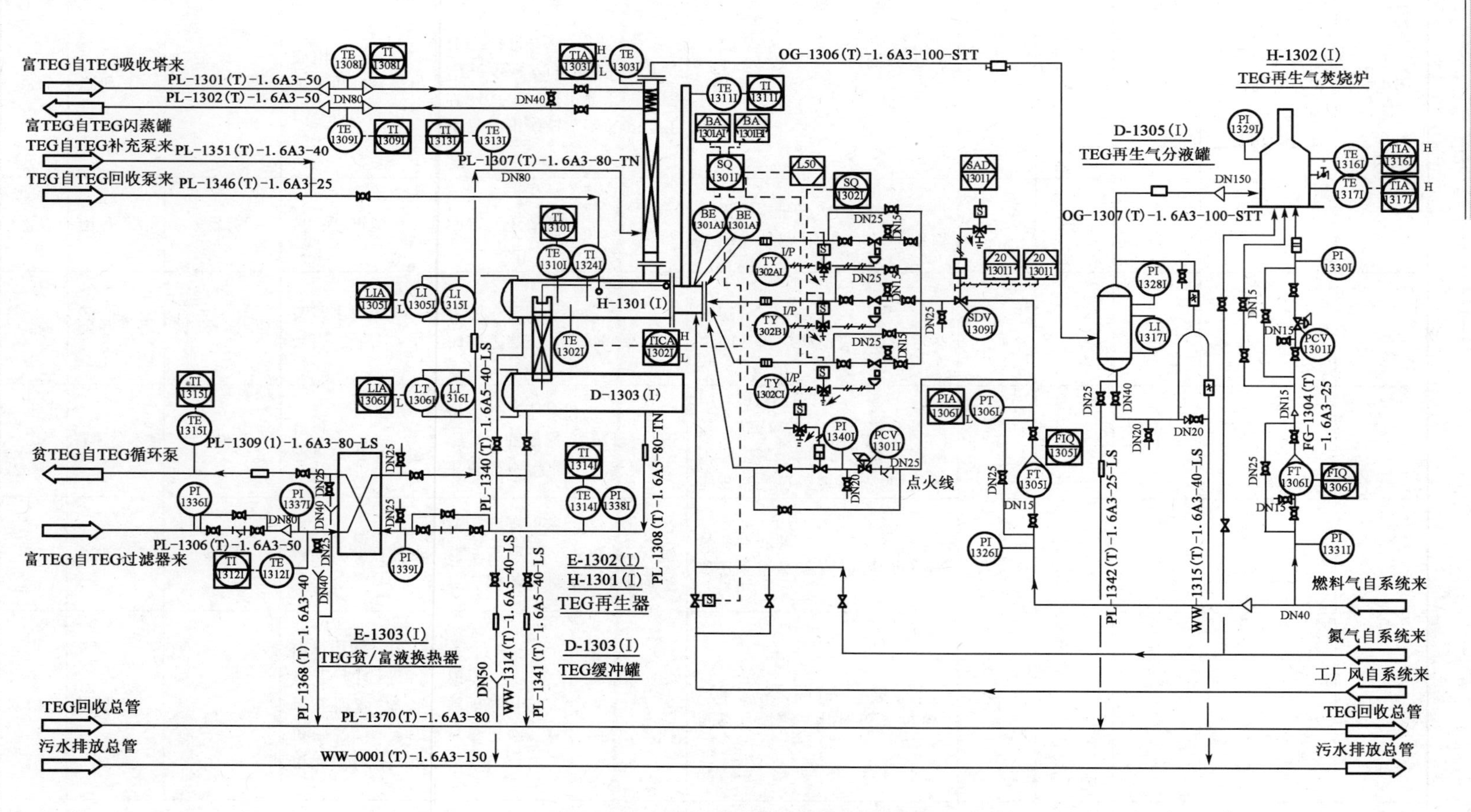

图6-5 节点1300-3工艺及仪表控制流程图

表 6-11 节点 1300-3 分析记录表

节点序号	节点描述		设计意图					
1300-3	自富液过滤器来的三甘醇富液进入 TEG 贫/富液换热器 E-1303(I)与自 TEG 缓冲罐 D-1303(I)来的 TEG 贫液进行换热后进入 TEG 再生器 E-1302(I)、H-1301(I)进行再生，再生废气经过再生气分液罐 D-1305(I)分液后进入再生气焚烧炉 H-1302(I)焚烧，自燃料气系统来的燃料气进入 TEG 再生器 H-1301(I)作为热源		将三甘醇富液在三甘醇再生器 E-1302(I)、H-1301(I)内再生为三甘醇贫液，以循环利用，再生废气经过再生器焚烧炉 H-1302(I)焚烧处理达标排放 D-1303(I)：尺寸：×××；操作压力：×××；操作温度：×××； D-1305(I)：尺寸：×××；操作压力：×××；操作温度：×××； H-1302(I)：规格：×××； E-1302(I)：尺寸：×××；型号：××；操作压力：管程××壳程××；操作温度：入口××出口××					
图号		会议日期	参加人员					
××		×年×月×日						

序号	偏差	分析对象	原因	后果	现有安全措施	风险分析			建议措施	责任单位
						严重性	可能性	风险等级		
1	无流量/流量低	TEG 富液	富液过滤器堵塞；富液管线工艺阀门开度小	泵入口贫液温度升高，可能损坏溶液循环泵；TEG 再生器可能由于溶液量过少而超温损坏	设有缓冲罐液位集中指示及低限报警 LIA1305I；贫液温度集中指示 TI1315I；重沸器温度集中指示高限报警 TICA1302I，温度集中指示 TI1301I，温度现场指示 TI1324I	2	2	I		
2	无流量/流量低	TEG 贫液	贫液管道过滤器堵塞；贫液管线工艺阀门误关闭	缓冲罐、再生器液位上升，溶液大量进入废气管线，严重时使灼烧炉垮塌	缓冲罐液位集中指示 LIA1306I、现场液位指示 LI1316I	2	2	I		
3	无流量/流量低	进入 TEG 再生器的燃料气	燃料气管线及相关阀门误关闭	燃料气无流量，TEG 再生器熄火，富液再生效果差，干净化气水露点超标，严重时使下游管线冰堵	设有火焰检测 BA1301AI、BA1301BI，流量集中显示 FIQ1305I，再生器温度集中指示低限报警 TICA1302I、温度集中指示 TI1310I，温度现场指示 TI1324I，压力集中指示及低限报警 PIA1306I	1	2	I		

续表

序号	偏差	分析对象	原因	后果	现有安全措施	风险分析			建议措施	责任单位
						严重性	可能性	风险等级		
4	无流量/流量低	进TEG再生气焚烧炉的燃料气	PCV1301I失效关闭或前后切断阀误关闭	燃料气无流量,使得再生气焚烧炉熄火,废气直接外排,污染环境	焚烧炉温度集中指示TIA1316I、TIA1317I,流量集中指示FIQ1306I	3	2	Ⅱ	建议增设温度TIA1316I低限报警	××净化厂
5	流量高	燃料气	燃料气管路调节阀失效开或其旁通误开	燃料气进入TEG再生器量过大,使得溶液温度升高,导致三甘醇变质;流量过大时也可能导致炉子脱火,从而使干净化气水露点超标	设有TEG再生器温度集中指示高低限报警TICA1302I、温度集中指示TI1310I,温度现场指示TI1324I,火焰检测BA1301AI、BA1301BI,流量集中指示FIQ1305I	2	2	Ⅰ		
6	流量高	进TEG再生气焚烧炉的燃料气	PCV1301I失效开或旁通阀门误开启	进焚烧炉燃料气量过大,导致焚烧炉超温,垮塌	焚烧炉温度集中指示及高限报警TIA1316I、TIA1317I,流量集中指示FIQ1306I	1	2	Ⅰ		
7	压力高	燃料气	燃料气管路调节阀失效开或其旁通误开	燃料气进入再生气量过大,使得溶液温度升高,导致三甘醇变质;流量过大时也可能导致炉子脱火,从而使干净化气水露点超标	设有TEG再生器温度集中指示高低限报警TICA1302I、温度集中指示TI1311I,温度现场指示TI1324I,火焰检测BA1301AI、BA1301BI,流量集中指示FIQ1305I	2	2	Ⅰ		
8	压力低	燃料气	上游来气压力低	再生器温度低、熄火,富液再生效果差;干净化气水露点超标	设有再生器温度集中指示低限报警TICA1302I、温度集中指示TI1311I,温度现场指示TI1324I,压力集中指示及低限报警PIA1306I,火焰检测BA1301AI、BA1301BI,流量集中指示FIQ1305I	2	2	Ⅰ		

续表

序号	偏差	分析对象	原因	后果	现有安全措施	风险分析			建议措施	责任单位
						严重性	可能性	风险等级		
9	温度高	TEG 再生器	燃料气管路调节阀失效开或其旁通误开	溶液温度升高，三甘醇变质，脱火，干净化气水露点超标	设有再生器温度集中指示高低限报警 TICA1302I、温度集中指示 TI1311I，温度现场指示 TI1324I，火焰检测 BA1301A、BA1301BI，流量集中指示 FIQ1305	2	2	Ⅰ		
10	温度低	TEG 再生器	燃料气管线阀门误关闭	TEG 再生器温度低、熄火，富液再生效果差，导致干净化气水露点超标	设有火焰检测 BA1301AI、BA1301BI，流量集中指示 FIQ1305I，再生器温度集中指示低限报警 TICA1302I、温度集中指示 TI1310I，温度现场指示 TI1324I，压力集中指示及低限报警 PIA1306I	2	2	Ⅰ		
11	温度低	焚烧炉	PCV1301I 失效关或前后切断阀误关闭	同燃料气无流量，导致再生气焚烧炉熄火，废气溢出污染环境	焚烧炉温度集中指示 TIA1316I、TIA1317I，流量集中指示 FIQ1306I	2	2	Ⅰ		
12	液位高	TEG 再生器	汽提柱填料堵塞	填料堵塞使得溶液大量进入废气管线，严重时使灼烧炉垮塌	再生器液位集中指示 LIA1305I，现场液位指示 LI1315I，缓冲罐液位集中指示及低限报警 LIA1306I，现场液位指示 LI1316I	2	2	Ⅰ		
13	液位高	缓冲罐	上游来富液量大，贫液管道过滤器堵塞；工艺阀门误关闭	缓冲罐液位上升，严重时使溶液进入废气管线使灼烧炉垮塌	缓冲罐液位集中指示 LIA1306I，现场液位指示 LI1316I	1	2	Ⅰ		
14	液位低	再生器	溢流堰穿孔	TEG 再生器液位降低，再生器内溶液温度升高，可能导致溶液变质，温度超高时可能导致火管损坏	设有液位集中指示低限报警 LIA1305I，现场液位指示 LI1315I，设有再生器温度集中指示高限报警 TICA1302I，温度集中指示 TI1310I，温度现场指示 TI1324I	2	2	Ⅰ		

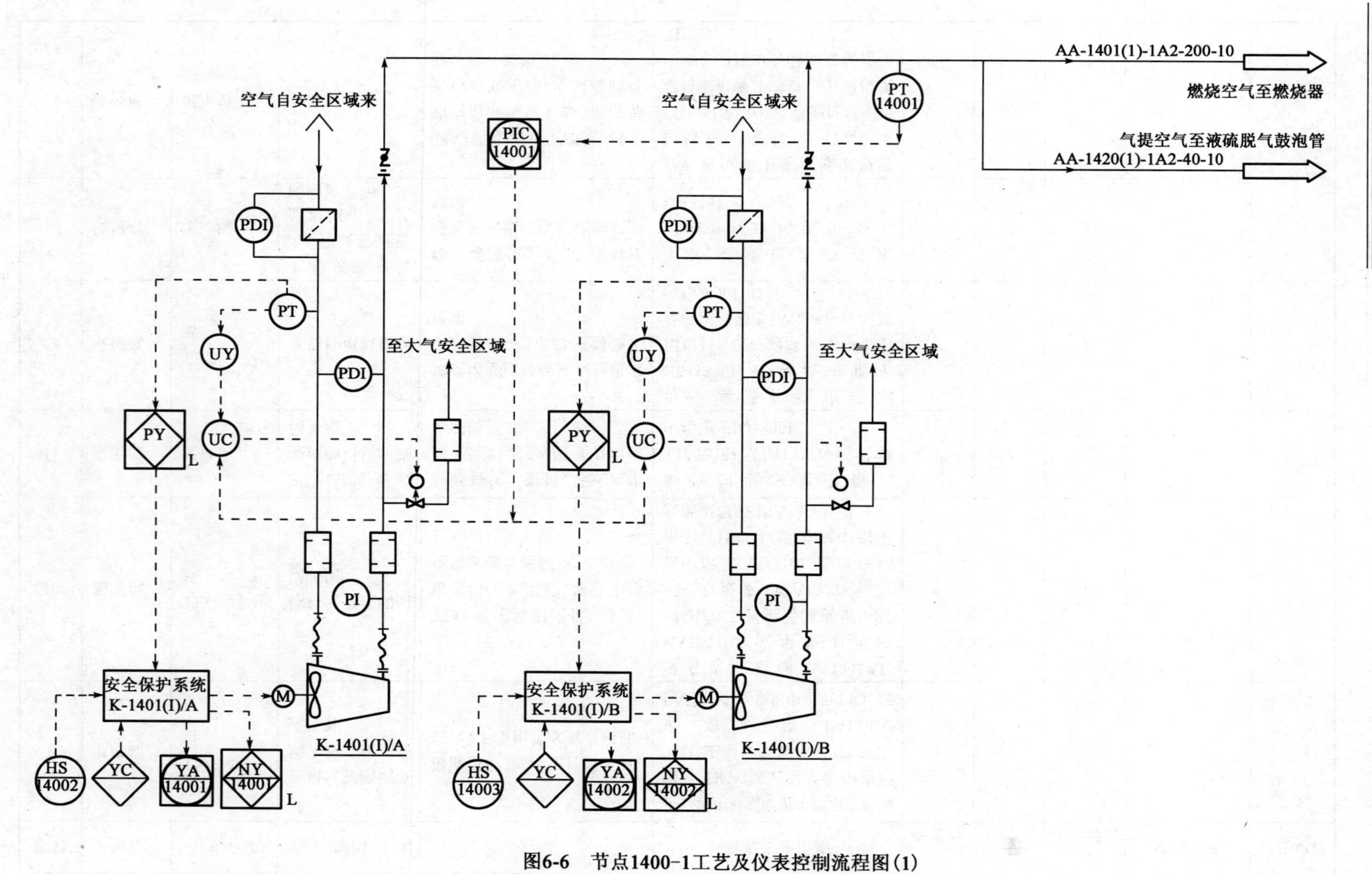

图6-6　节点1400-1工艺及仪表控制流程图(1)

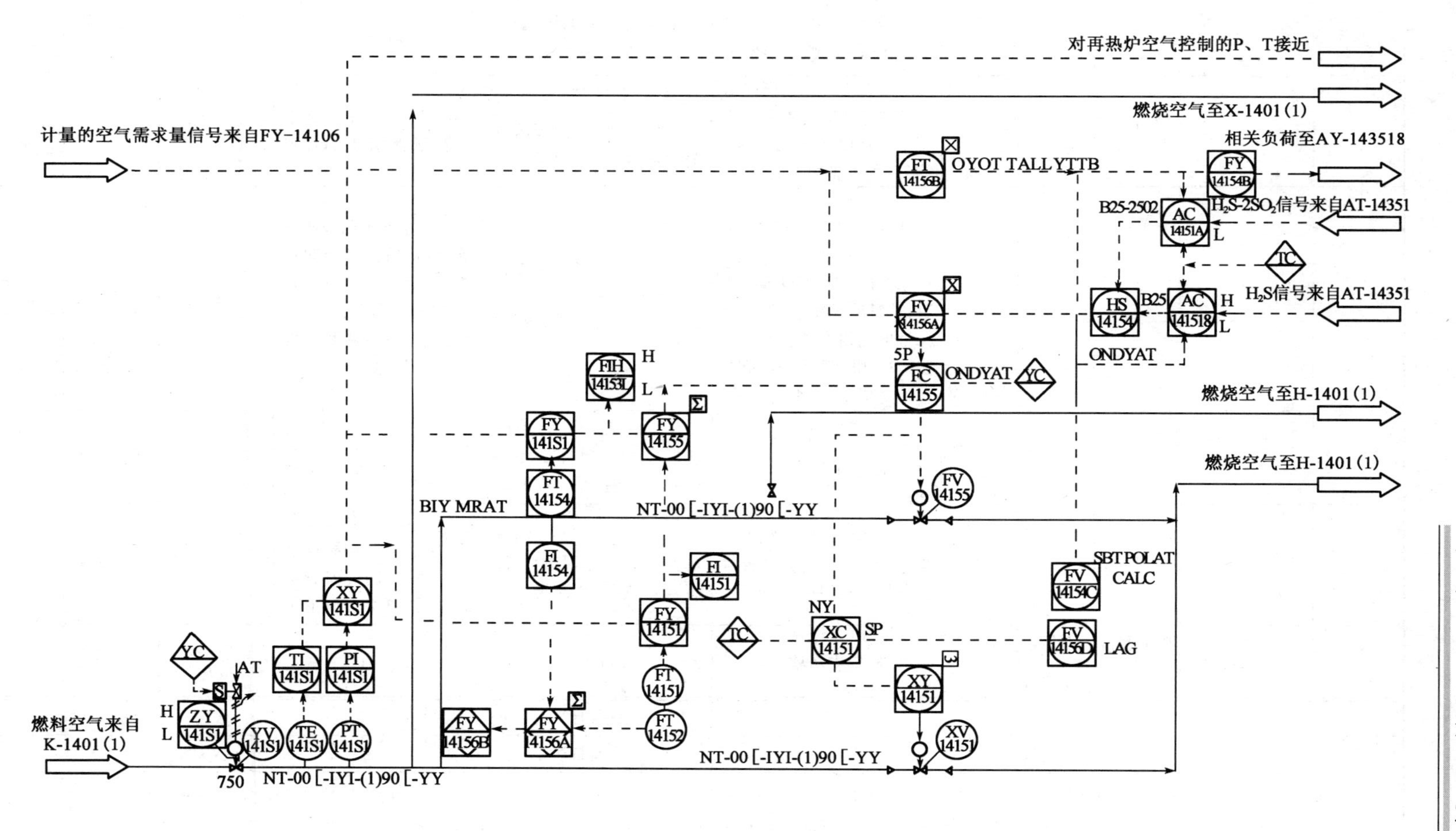

图6-7　节点1400-1工艺及仪表控制流程图(2)

表 6-12　节点 1300-1 分析记录表

节点序号	节点描述	设计意图
1400-1	自主风机 K-1401(I)/A、K-1401(I)/B 来的燃料空气，经流量调节阀控制去主燃烧器的配风量	主风机来的燃料空气经调节阀控制去往主燃烧器的流量进行配风 K-1401(I)/A、K-1401(I)/B：型号：××；流量：供风压力××；功率：××
图号	会议日期	参加人员
××	×年×月×日	

序号	偏差	分析对象	原因	后果	现有安全措施	风险分析			建议措施	责任单位
						严重性	可能性	风险等级		
1	无流量	总空气	风机故障停运；管道上蝶阀误关闭；风机出口止回阀故障关或卡死；风机进口堵塞	空气无流量，导致燃烧炉熄火，装置停产，尾气排放超标	风机进口管道设压力低限联锁；风机出口设压力指示 PI 和 PIC14001	2	2	Ⅰ		
2	无流量	总空气	联锁阀 XV14151 故障关	空气无流量，导致燃烧炉熄火，装置停产，尾气排放超标，人员中毒	总空气流量 FY14156A、FY14156B	2	2	Ⅰ		
3	流量低	总空气	风机变频调速故障；管道上蝶阀卡堵；风机进口空气管道风帽积尘堵塞，进风不畅；空气放空阀故障开；风机出口止回阀故障关或卡死	空气流量骤降，导致燃烧炉熄火，尾气排放超标，人员中毒	进出风帽设压差指示；主风机进出端设压差指示；风机设有流量低限报警和联锁停车安全保护系统；风机状态控制和报警；风机设有一用一备；总空气流量 FY14156A、FY14156B 低低联锁	2	2	Ⅰ		
4	流量低	主路空气	XV14151 故障关或未全开	空气流量不足，导致燃烧炉熄火，尾气排放超标，人员中毒	主路空气调节管道上设 FY14156A、FY14156B 指示和低限报警；设前馈控制回路	2	2	Ⅰ		
5	流量低	支路空气	FV14155 故障关或未全开	配风比不合适，硫回收率下降，尾气排放超标，人员中毒	支路空气调节管道上设 FY14153 指示和低限报警；设反馈控制回路	2	2	Ⅰ		

续表

序号	偏差	分析对象	原因	后果	现有安全措施	风险分析			建议措施	责任单位
						严重性	可能性	风险等级		
6	流量剧烈波动	空气	风机喘振	造成风机叶片断裂或机械部件损坏，装置停产，尾气排放超标，人员中毒	风机出口设压力指示PI和PIC14001；总空气流量FY14156A、FY14156B；降低变频器输出频率；风机一用一备	2	2	Ⅰ		
7	流量高	主路空气	XV14151故障全开	配风过高，酸气中H_2S转化为SO_2的量过多；一级转化器超温，影响硫黄回收效率	主支路空气调节管道上设FY14151指示和高限报警；设前馈压力控制回路	2	2	Ⅰ		
8	流量高	支路空气	FV14155故障全开	空气量过大，主燃烧炉温度升高，损坏主燃烧炉	支路空气调节管道上设FY14153指示和高限报警；设反馈控制回路	2	2	Ⅰ		
9	压力高	空气	YV14151失效关	风机出口管线超压，损坏风机，严重时管道超压爆裂	风机出口设压力指示PI和PIC14001；风机设有放空管道；风机设有安全保护系统	2	2	Ⅰ		
10	压力低	空气	风机故障	酸气倒流、泄漏，污染环境、人员中毒	空气总管设置有单向阀；YV14151低流量联锁；风机出口设压力指示PI和PIC14001；总空气流量FY14155、FY14156	2	2	Ⅰ		
11	压力低	空气	风机进口堵塞，进风量不足；放空阀故障开	空气无流量，导致燃烧炉熄火，装置停产；尾气排放超标	风机进口管道设流量低限联锁；风机出口设压力指示PI和PIC14001	3	2	Ⅱ	建议增设压力PIC14001低限报警	××净化厂

表6-13 ××天然气净化厂在役阶段HAZOP分析建议措施表(部分典型节点)

编号	节点	原因	后果	现有安全措施	风险等级	建议措施	责任单位	采纳情况
1	1200-1	FV1201兼作流量调节和联锁切断用	不符合相关规范要求(SY/T 10045—2003《工业生产过程中安全仪表系统的应用》、IEC61511)		Ⅱ	FV1201不兼作切断阀使用;建议增设流量低低联锁切断阀	××	采纳
2	1300-3	PCV1301I失效关或前后切断阀误关闭	燃料气无流量,使得再生气焚烧炉熄火,废气直接外排,污染环境	焚烧炉温度集中指示TIA1316I、TIA1317I,流量集中指示FIQ1306I	Ⅱ	建议增设温度TIA1316I低限报警	××	采纳
3	1400-1	风机进口堵塞,进风量不足;放空阀故障开	空气无流量,导致燃烧炉熄火,装置停产;尾气排放超标	风机进口管道设流量低限联锁;风机出口设压力指示PI和PIC14001	Ⅱ	建议增设压力PIC14001低限报警	××	采纳
……	……	……	……	……	……	……	……	……

参 考 文 献

［1］中石化青岛安全工程研究院．HAZOP分析指南．北京：中国石化出版社，2008.

［2］中国石油天然气集团公司安全环保与节能部．炼化装置在役阶段工艺危害分析指南．北京：石油工业出版社，2011.

［3］徐志胜．安全系统工程．北京：机械工业出版社，2007.

［4］严大凡．油气长输管道风险评价与完整性管理．北京：化学工业出版社，2005.

［5］彭力．危害与风险评价技术．北京：石油工业出版社，2001.

附录1　HAZOP分析软件介绍

一、PSMSuite——HAZOP分析软件

清华大学与北京华清国诚安全技术有限公司合作开发了具有自主知识产权的工艺安全管理智能软件PSMSuite。它是企业危险辨识、风险管理及推进工艺安全管理体系的必要工具。该风险分析软件共由两部分组成：

（1）PSMSuiteV1.0——HAZOP分析智能软件；

（2）PSMSuiteV2.0——工艺过程安全管理软件。

该软件集合多个工艺安全管理模块，能有效提高HAZOP分析小组的工作效率和企业的安全管理水平，是企业项目管理、人才培养和实施《化工企业工艺安全管理实施导则》（AQ/T 3034—2010）、推进PSM体系的有力助手。

PSMSuite是企业安全管理的平台，生产辅助决策的工具，是企业内部PHA（HAZOP）队伍建设和人才培养的必要工具。

（一）PSMSuite模块开发情况

1. PSMSuite V1.0

HAZOP分析智能软件包括以下模块：

（1）危险与可操作性分析HAZOP；

（2）工艺安全信息管理（PSI）；

（3）MSDS数据库；

（4）行动项跟踪系统（ATS）。

2. PSMSuite V2.0

工艺过程安全管理软件在1.0版本的基础上，增加如下模块：

（1）LOPA保护层分析；

（2）DOW道化学火灾爆炸指数；

（3）SIL安全完整性等级验证。

PSMSuite软件模块关系图见图附1-1。

（二）PSMSuite模块介绍

工艺安全信息管理（PSI）模块用于统一管理已有文档和信息，其中主要包括流程中的物料数据，设备的完整信息（包括设计参数、操作参数、包含的物料、反应等信息），以及各种格式设计资料的电子文档。该模块可以保证工艺安全信息的完整性和一致性，并提供方便随时查阅的界面。同时，工艺安全信息管理模块也同其他模块紧密集成，可以实现数据共享和互操作。

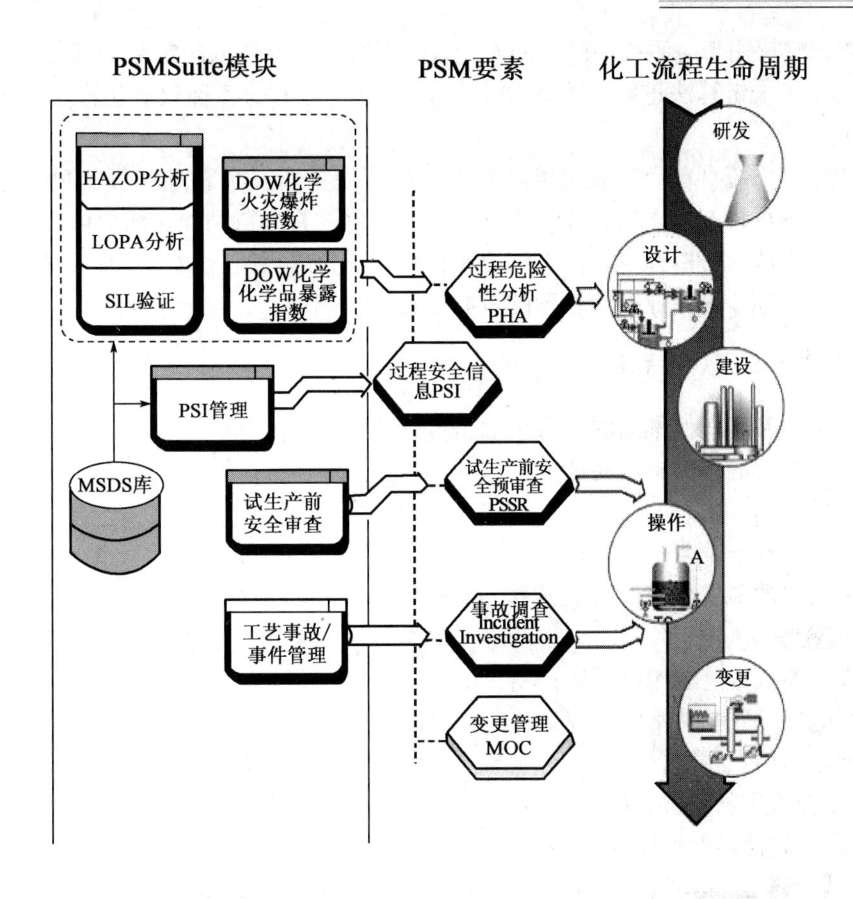

图附1-1 PSMSuite软件模块关系图

危险与可操作性分析（HAZOP）模块是以人工智能领域的案例推理技术和本体论为基础，能够随着实践中HAZOP分析案例库的丰富，不断提高HAZOP分析能力，提高HAZOP专家的工作效率，提高分析结果的全面性、系统性和一致性。由于案例推理技术的应用，该系统可以为HAZOP小组自动提示以前的相似案例，避免在HAZOP研究过程中由于小组成员疲劳、记忆不清等原因造成的疏漏，提高HAZOP研究结果的全面性和一致性。

试生产前安全审查与工艺事故/事件管理模块可进行文档记录，其中包含了标准的试生产前安全审查流程和工艺事故/事件管理流程需要的各种类数据条目，用户也可以根据自身需求自行修改。使用这两个模块有助于保持数据记录的完整性和一致性，便于查阅历史记录。同时，这两个模块中的数据也会被自动分类整理形成案例库，用于其他模块中。

道化学火灾爆炸指数与道化学化学品暴露指数模块依照道化学提出的相应标准编写，可以实现在线计算，计算结果可与其他模块中的相关数据实现链接，以便于交叉查阅。

LOPA模块可与HAZOP模块集成，进行风险的半定量分析和计算。LOPA模块中包含了初始事件库和独立保护层失效概率库，并可由用户自行扩充。LOPA模块亦可独立运行完成以上功能。

SIL 验证模块用于对系统中已有的安全仪表系统进行验证以确定是否满足安全要求，本模块使用马尔可夫链算法进行 SIL 等级验证，可计算常见的各种仪表组态，亦可实现与其他模块的互操作。

行动项跟踪系统（ATS）模块可以用于跟踪管理企业安全管理中提出的各类整改措施行动项（例如现场检查行动项、体系审核行动项、风险管理行动项、法律法规行动项、管理会议行动项、事故/事件行动项等），解决了由于各类整改措施行动项分散、零碎等原因而无法有效落实的问题，是企业安全管理的重要工具。

（三）PSMSuite 软件特点

（1）先进的基于案例推理的 HAZOP 研究模式；
（2）相似案例的自动检索功能；
（3）案例复用；
（4）网络版便于企业安全管理；
（5）多用户的 B/S 结构、并发连接、数据共享；
（6）可定制的风险矩阵；
（7）设备参数偏离通用原因库；
（8）智能提示安全对策与建议；
（9）友好的用户界面；
（10）多种可定制的报表格式。

PSMSuite 软件界面见图附 1－2。

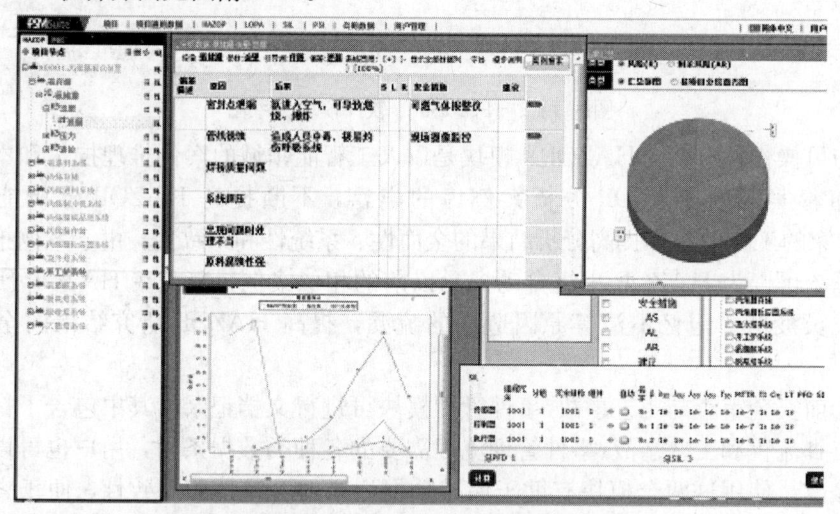

图附 1－2　PSMSuite 软件界面

二、Isograph 可靠性工程软件

Isograph 可靠性工程软件是由英国 Isograph 公司开发的可靠性、可用性、安全性、维修性和保障性工程设计分析软件，是目前世界上应用最广泛的专业软件之一。Isograph 公司的技术人员从 1974 年就开始从事可靠性技术研究，1986 年公司正式成立，专业从事航空航

天和核工业领域的咨询和软件开发，与英国国防部有着深厚的历史渊源。目前，公司在全球拥有7000多个用户，Isograph可靠性工程软件在航空航天、电子、国防、能源、通讯、石油化工、铁路、汽车等众多行业以及多所大学科研机构中得到广泛应用，尤其是在航空航天领域，占据了95%以上的市场份额。

Isograph系列软件可以独立运行在Windows2000/XP/2003平台及其网络环境上，软件界面已经全面汉化，支持中文输入输出。软件界面简洁清晰，对象明确，功能强大的菜单、按钮和快捷键使用户的操作简便快捷，易于上手。

Isograph软件的模块众多，功能覆盖广泛，其名称和主要分析功能见表附1-1。

表附1-1　Isograph系列软件功能模块

模块名称	版本	主要分析功能
Fault Tree+故障树分析包	10.1	故障树分析；事件树分析；马尔可夫分析
AvSim+可用度仿真工具	9.0	可靠性框图或故障树建模；可用性和能力仿真；集成的威布尔数据分析；可靠性、维修性、保障性分析
Reliability Workbench可靠性工作平台	9.1	可靠性预计、维修性预计；故障模式、影响及危害性分析；可靠性框图分析；故障树分析；事件树分析；马尔可夫分析
RiskVu概率风险分析	3.0	设计方案风险评价；实时概率风险评价和风险监控
RCMCost以可靠性为中心的维修分析	4.0	功能FMECA分析；集成的威布尔数据分析；预防性维修、修复性维修、视情维修和状态；监控等维修工作分析；维修费用优化；维修人员、设备和备件成本优化
LCCWare寿命周期费用分析	3.0	寿命周期费用计算
HAZOP危害性与可运行性分析	2.0	危险与可运行性分析
NAP网络可靠性专用工具	1.0	复杂网络系统可用性、可靠性分析

（一）故障树分析专用工具Fault Tree+

Fault Tree+是Isograph公司在1986年开发的，也是世界上最优秀的故障树分析工具。该工具包括三个功能模块：故障树分析FTA、事件树分析ETA、马尔可夫分析MKV。

1. 故障树分析FTA

故障树分析是进行系统可靠性、安全性分析的一种重要方法，其最大特点是可以考虑人的因素、环境因素对顶事件的影响，还可以考虑多种原因相互影响的事件组合。

软件能够在可视化环境下快速建立故障树并进行综合分析。建树时可以按照产品层次结构，划分为多个小型故障树进行分析。通过“分页”功能，将故障树的不同结构在同一个页面或各自独立的页面中进行设计分析，支持分页显示和打印。

软件支持的逻辑门类型有：与门、或门、非门、禁止门、转移门、表决门、优先与门、异或门。事件类型有：基本事件、未展开事件、房形事件、条件事件。

软件在建树时可以迅速检索、定位逻辑门或事件，可以对图形和数据进行动态管理。软件支持共因故障分析和人因故障分析，并能设置多种共因故障模型。

软件可以对故障树进行精确计算和简化计算，并提供多种优化计算功能。用户可以从割集阶数、割集发生概率、故障后果发生概率和成功事件概率因子等角度进行设置，以简化计算结果，节省分析时间。

软件具有运行速度快、占用内存少等技术特点，并能分析多达20000个逻辑门和20000个底事件的大型故障树。

软件可以计算故障树顶事件的不可用度、故障发生概率、MTBF、MTTR、总停工时间等可靠性参数，还可以计算底事件的重要度、出现频数，以及最小割集的不可用度、故障发生频数、重要度等。

软件在对复杂系统进行故障树分析时，可使用马尔可夫模型对关键子系统或设备进行动态分析。

2. 事件树分析 ETA

ETA用于分析给定初因事件和后续事件的后果影响，可以有效地分析复杂系统的可靠性和安全性，尤其适用于具有冗余设计、故障监测与保护设计的复杂系统的安全性和可靠性分析，同时兼顾对人为失误的考虑。

软件可以在可视化环境中快速建立事件树，支持大型事件树分页设计，并在分析报告中分页输出。

事件树中各事件的故障模型可以由用户直接输入，或者直接引用故障树中的逻辑门或事件分析结果，或者直接调用马尔可夫模型进行动态分析。

软件具有后果影响分析与风险评价的功能，后果影响可分类定义和分析，可以从安全性、经济性、环境性和使用性等多方面进行定量计算。

在ETA模块中，完全事件树序列中的每个事件都包含了两个分支（成功和失败），用户根据工程实际情况对事件树分支进行简化，或指定为局部故障树逻辑门或事件。

3. 马尔可夫分析 MKV

马尔可夫（Markov）过程用于描述连续时间变化下具有离散状态的随机过程，用来分析可修系统的可靠性和可用性。Isograph公司的马尔可夫工具采用马尔可夫过程分析方法，使用系统状态转移图进行可用度分析。

马尔可夫分析结果包括：可靠度、可用度、故障发生频率、平均故障间隔时间MTBF、平均故障前工作时间MTTF、平均维修间隔时间MTTR等。

（二）可用度仿真专用工具 AvSim+

通过故障树或可靠性框图建立系统可靠性模型，结合蒙特卡罗仿真方法对系统可用性和可靠性进行分析。在软件中，用户可以分别对系统的余度设计、共因故障、使用时间、部件从属关系、任务剖面各工作阶段和寿命周期费用等不同使用条件进行设置并建立相应的仿真模型。

通过仿真计算，AvSim+可以分析复杂系统的故障树或可靠性框图，并解决部件老化对故障率的影响、关联部件之间的影响、维修人员、维修设备和备件影响等问题。通过计算维修人员、设备或备件的成本，对不同维修工作方式，如修复性维修、预防性维修、视情维修和故障状态监控等设置相关的维修性参数，进行维修工作仿真和优化。

当建立可靠性模型后，用户可以通过故障模型设置产品可靠性、维修性和保障性信息。在故障模型的寿命分布中，用户可以定义多种寿命分布，如指数分布、威布尔分布、正态分布、对数正态分布等的特征参数，或者直接引用威布尔数据分析工具中的数据集结果。

软件还可以对系统各组成单元间维修时机的从属关系进行定义，从而在仿真过程中呈现系统的实际工作状态。同时，软件还支持冷备份、温备份和热备份模型。

软件的另一个技术特点是将产品的任务剖面按不同工作阶段建模，通过房形事件不同状态的设置，可以在同一可靠性框图或故障树模型中表示不同的可靠性模型。

软件内置了一个集成的威布尔数据分析工具，可以对外场或实验室中的可靠性试验数据进行自动拟合，支持指数分布、威布尔分布等，可以分析已有的故障数据并将分析结果关联到可靠性框图或故障树模型的零部件。

（三）危险与可操作性研究工具 HAZOP

危险与可操作性研究工具是新研或改型产品进行初步安全性评估的一种标准分析技术。HAZOP 研究是由专家组对构成产品的零部件在超出其额定设计要求的工作状态下所预期发生后果的详尽分析，是 FMEA 技术的扩展，除应考虑系统的故障模式外，还要研究与运行有关的因素。HAZOP 分析的目标是确定与装备系统设计的偏差，然后确定这些偏差与安全性有关的问题，最后针对安全性问题接受风险或提出建议。

软件在可视化界面下通过模板或定制用户 HAZOP 研究，提供了标准对话框以输入分析数据并以与 Access 数据库兼容的类型存储分析数据结果，可以对数据实现过滤、分类和显示。还提供功能强大的报告生成器，可以用来创建和打印高质量的专业报告。

软件采用危害度矩阵进行分析，当用户将产品参照其严酷度类别及故障模式发生概率输入到软件后，该工具将利用危害性矩阵自动得到产品各故障模式的危害性值。用户可以将风险等级评估结果自动形成报告，尤其是在分析结果的危害度很大的时候。

三、PHA-Pro 风险分析软件

PHA-Pro 是加拿大 Dyadem 公司研发的一款风险分析软件，是全世界范围内数以万计的公司所采用的标准 HAZOP 分析工具。PHA-Pro 提供专家级指导，全方位帮助公司辨别和消除风险，通过一系列模板和一本被已格式化的活页练习题，使得处理安全管理（PSM）更加容易。

PHA-Pro 是一种流程危害分析软件，它提供综合 HAZOP、What-If/Checklist、FMEA、LOPA、SVA、SIL 这些软件的分析界面，并且让使用者容易上手，也提供给使用者选取一个风险较低、更为安全的工作场所资讯。PHA-Pro 帮助企业进行危害鉴定，并希望降低风险危害的发生。另外，试算表中也提出严重性与可能性的排序等级。PHA-Pro 会依据使用者输入的风险矩阵值主动建议出一个排序等级，分析结束时使用者还可以将档案格式转换成 html、Microsoft Word 等格式。至今 PHA－Pro 已经被国际上许多大型的化学企业、化工企业、石油企业、汽车企业、制造与采矿企业等广泛使用。

（一）PHA-Pro功能模块

PHA-Pro用引导的方式使风险与安全专家团队通过相关案例，让使用者更快速、有效性地完成流程危害分析：

（1）危害与可操作性分析；

（2）如果怎么办分析/检查表；

（3）失效模型与影响分析；

（4）初步危害分析；

（5）作业安全分析；

（6）安全完整性等级；

（7）危害分析重要控制点；

（8）保护层分析。

（二）PHA-Pro特点

PHA-Pro软件具有以下几个特点：

（1）符合国际上通用的HAZOP标准分析流程；

（2）支持数据库功能，可以根据不同工艺设定引导词、工艺参数等；

（3）提供风险矩阵功能，可以在传统定性HAZOP分析的基础上进行定量分析。

（4）软件操作简便、易于使用。

（三）PHA-Pro软件界面

图附1-3～图1-6分别为一具体案例会议状况、节点说明、工艺参数偏差、会议记录的PHA-Pro软件界面。

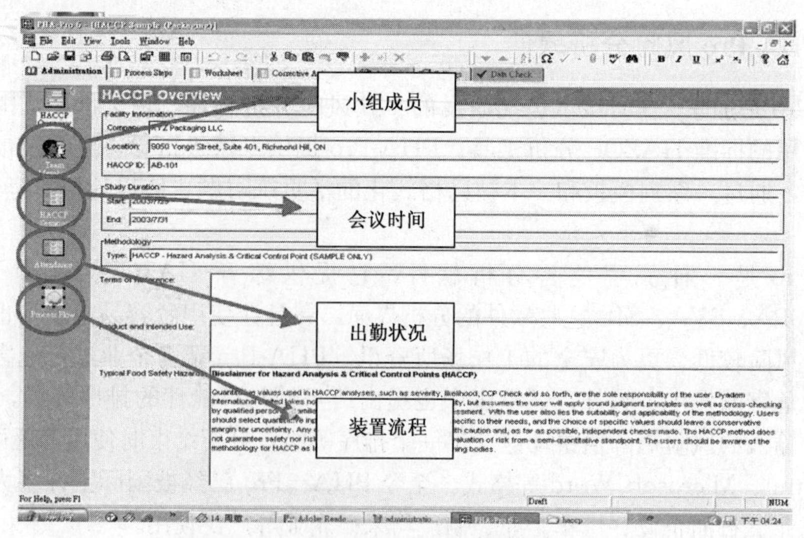

图附1-3　PHA-Pro软件界面（会议状况）

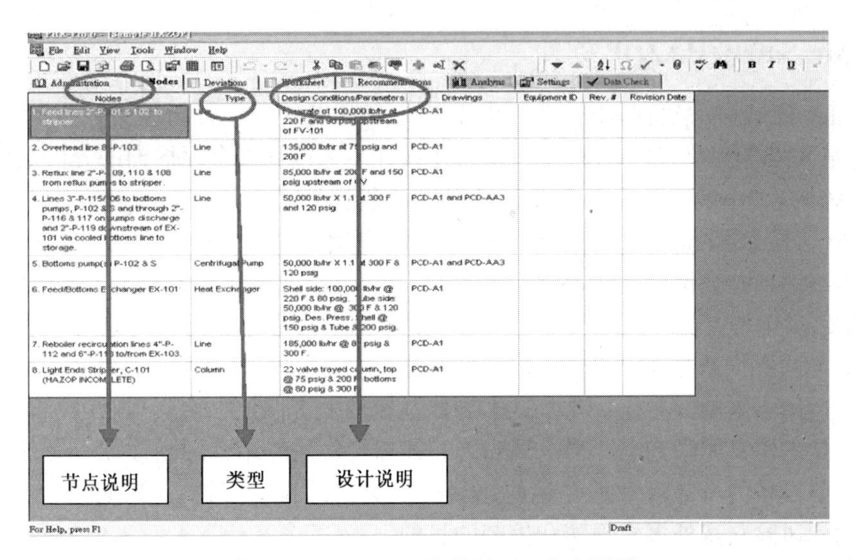

图附 1 - 4　PHA-Pro 软件界面（节点说明）

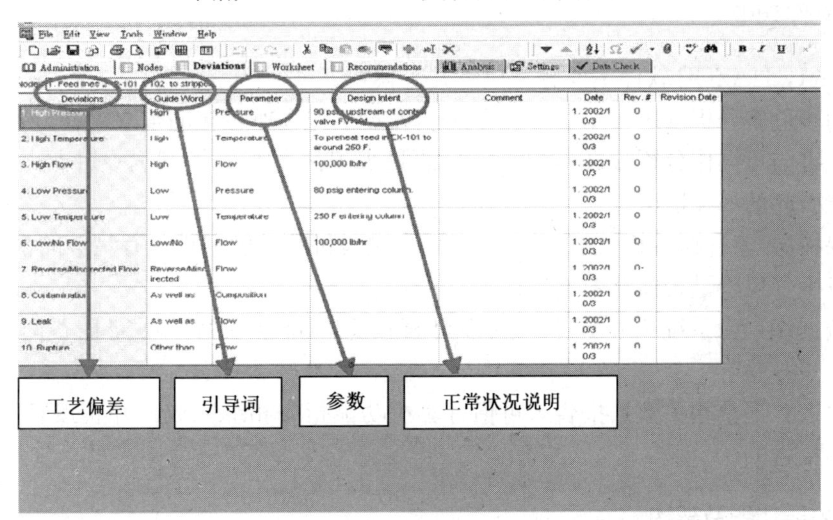

图附 1 - 5　PHA - Pro 软件界面（工艺参数偏差）

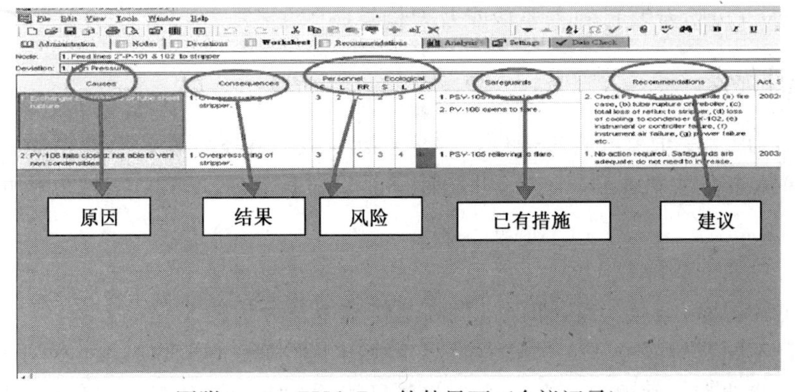

图附 1 - 6　PHA-Pro 软件界面（会议记录）

四、Mr. Safety-HAZOP 软件

Mr. Safet-HAZOP 软件是由台湾新鼎系统公司开发的危险分析软件。台湾新鼎系统公司于 20 世纪 80 年代中期即与台湾工研院合作设计工艺过程安全评估辅助分析系统——小工安（HAZACS)，“小工安”的主要功能是提供工艺过程安全评估的主要方法——危害与可操作性分析（Hazard and Operability Study，HAZOP）的作业环境与简易的技术支持，如相对风险等级评估与数据分类、报告汇整。

HAZOP 多年来在台湾石化及半导体行业的应用多为定性分析和简单的风险序列（Risk Ranking)，无法提供适当风险量化标准，在继承了“小工安”研发与推广的基础和经验下，公司发展了适用于炼制、石化、化工、半导体及使用危害性化学物质工业过程的新的危害分析风险评估技术工具风险专家（Mr. Safety)。该软件应用并结合国际标准，提升现有产品功能，建立重要设备的可靠度数据，为使用者提供更多的技术支持，增强分析与评估的可信度，真正达到风险与意外事故预防和控制的目的。

（一）软件功能

Mr. Safety-HAZOP 软件主要分为以下几个模块：

（1）初步危害分析（PrHA)：主要是分析发掘工作场所存在的重大潜在危害。

（2）危害与可操作分析（HAZOP)：目的是辨识出所有可能远离设计目的的偏离以及该偏离可能引起的潜在危害。

（3）保护层/事件树分析（LOPA&ETA)：主要目的是确定是否有足够的保护层以防止意外事故发生（风险是否能够容忍)。

（4）数据库：为系统内建词库，从中可直接选取符合项目，不需耗费时间建立新的词库。

（5）报表：汇整相关数据报告，可借计算机功能指令相继完成，并直接打印产生美观、井然有序的报告。

（二）主要功能及架构

Mr. Safety（风险专家）的主要功能及架构见图附 1－7。

（三）软件优势

（1）HAZOP、LOPA 可同步进行，评估基准一致、效率较佳，有效缩短分析时程。

（2）LOPA 起始失效事件半定量可能性估计，可修正 HAZOP 定性分析可能性估计不准确的弊病。

（3）具有可靠的故障数据库。

（4）提供知识库，归纳分析知识，提高工作效率及分析的完整性。

（5）结合不同背景的专业人员脑力激荡，找出工厂隐藏的危险因素，对工厂可能存在的危害进行地毯式搜索，并提出改善建议，避免可能的灾害，提升工厂安全与效能。

（6）定义安全完整性等级（Safety Integrity Level，SIL)，此观念可以与风险评估相结

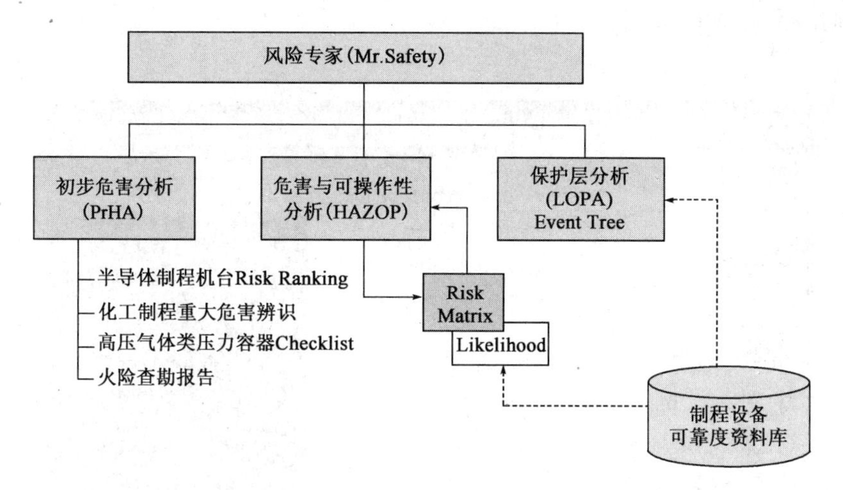

图附1-7 风险专家主要功能及架构

合以分析安全措施、相关安全设计或安全联锁系统的等级需求。

(7) 时效性，不必浪费时间在制定设备可能的工程偏离、汇整各项改善建议分析表及建立数据库上。

(8) 附加效益，风险专家所延伸的附加功能甚至是整厂重要设备的改善历史维修记录数据。

(四) 软件操作流程

开启 Mr. Safety 后选择“项目”中的项目切换，即可在菜单中选择已有或新建分析项目(图附1-8)。

專案ID	成立日期	專案名稱	專案編號	風險矩陣	業主名稱	工廠地點
91	7/4/2012	MrSafety2	1000	8X7	ACS	台北
90	6/25/2012	FCFC PP廠 Case Study		8X7	台化	
89	6/18/2012	台苯氫氣加壓計量站 Case...		8X7(Copy1)	台灣苯乙烯	高雄林園
88	6/5/2012	台苯氫氣加壓計量站		5X5 (Default)		
87	5/17/2012	group 1 sih4		5X5 (Default)		
86	4/23/2012	Emily test 2		5X5 (Default)		
81	4/20/2012	化一部		8X7	ACS	Demo工廠
82	11/16/2011	test	a001	8X7	a	
83	10/7/2011	Demo project [1]	be361	5X5 (Default)	ACS	Demo工廠
74	12/30/2010	廢氣處理系統	be361	5X5 (Default)	ACS	台北

图附1-8 风险专家软件界面(1)

初步危害分析项目：提供各类初步危害分析表格的填写。

在危害与可操作性分析项目中，可直接进行 HAZOP 与 LOPA 的分析(并提供了定义风险矩阵与各类辞库的功能)。

点选 HAZOP 分析后即可开始根据 HAZOP 分析流程进行工艺过程列表、节点对照与分析的各项功能（图附1－9）。

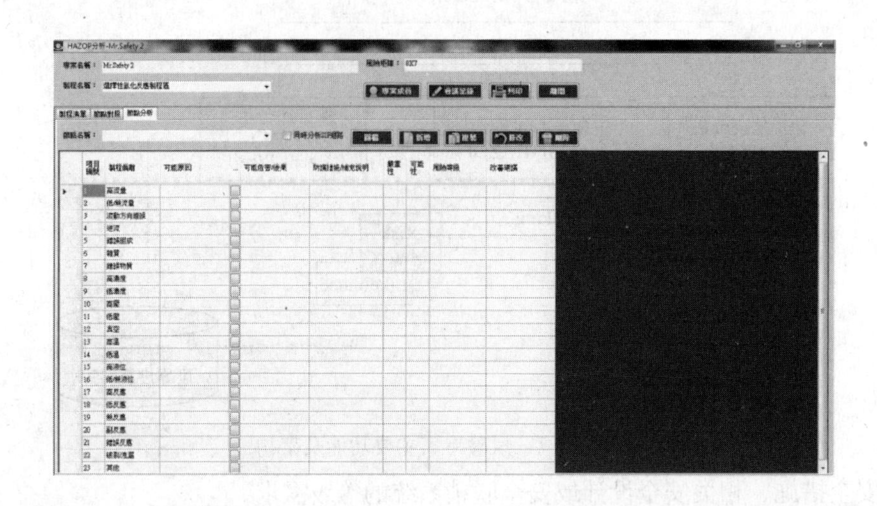

图附1－9　风险专家软件界面（2）

节点编辑完成后，依照节点设定会自动带出可能的偏差以供分析人员分析。

在具有较高严重性的项目中可选择进行保护层（LOPA）/SIL分析来判定偏离发生的可能几率与现行保护措施是否足够。

Mr. Safety于此引入了风险矩阵的概念，与保护层分析（LOPA）结合用以协助对较高危险性的偏差进行其可能性的定量分析。

各节点完成分析之后可利用“报告”项目将所输入的各项信息导出成报表（图附1－10）。

图附1－10　风险专家软件界面（3）

（五）其他功能

1. DOW F&EI 火灾爆炸指数评估

火灾爆炸风险分析系统针对工艺过程设备与其内含物的实际火灾、爆炸和反应性之潜在可能性逐步进行客观的评估。分析中所使用的定量方法是以过去损失的数据、研究中物质的潜在能量和目前应用损失预防措施的程度为基础。

简言之，火灾爆炸指数（FIRE AND EXPLOSION INDEX，F&EI）评估系统的目的是：

（1）对在实际运转期间潜在火灾爆炸事故的损坏程度予以量化（Quantify）。

（2）对可能制造或扩大意外事故的设备予以辨识（Identify）。

（3）将火灾爆炸的潜在风险传达给资方。

只需要在软件的功能页面上选择或填入适当的数值，系统会自动将相对应的火灾爆炸指数运算出来。

2. 安全完整性等级 SIL _ Pre－Verify 验算模块功能系统

安全完整性等级的概念为：在一定时间、一定条件下，安全相关系统执行其所规定的安全功能的可能性。简单地说，SIL 就是对安全仪表系统运行水平的一种衡量。

安全完整性水平由两部分组成：

（1）硬件安全完整性水平。这部分的安全完整性与共因失效模式的硬件有关，主要发生在安全仪表功能的运行过程中，对安全相关硬件安全完整性规定的级别实现能以合理的精确度进行估算，且子系统之间可使用几率运算法则。

（2）系统安全完整性水平。这部分的安全完整性与共因险失效模式的系统失效有关，这种系统失效主要在系统设计过程中就已经存在，尽管由于系统失效引起的平均失效率能够估算，但难以从设计失误和共因失效中得到的失效统计资料来估计失效分布。安全仪表系统的安全完整性水平的选择并不是以装置为单位的，而是在对每一个工厂控制回路进行分析的基础上进行的，主要是通过对安全、环境、经济的影响分析确定安全仪表系统。

本功能对于现有的或预备增加到工艺过程中的安全仪表系统提供验算的功能，只需将仪表系统的架构输入程序中，即可自动验算出目前仪表系统的等级。

该软件可提供网络版，网络版具有以下功能：

（1）采用同时联机用户数（Concurrent User）方式计算用户数（限制使用在授权工厂），可依需求弹性分配授权用户。

（2）可与任一客户端联机使用系统，方便用户随时在不同客户端进行分析或报告结果。

（3）具有弹性的权限设定功能，用户可依所属单位、项目团队或公司组织为不同的群组授予不同的项目权限，方便公司内各部门或工厂的分组作业。

（4）以 Webservice 为联机通讯方式，通过因特网（Internet）或企业内网络（Intranet）连接。

（5）集中式数据库管理，便于进行备份等维护作业。

附录2　中国石油天然气股份有限公司危险与可操作性分析工作管理规定

（2010年12月24日）

第一章　总　　则

第一条　为了规范危险与可操作性分析（以下简称HAZOP分析）工作，加强工艺安全管理，提高本质安全水平，特制定本规定。

第二条　HAZOP分析方法可应用于油气集输、油气处理、炼化生产、油气储运等具有流程性工艺特征的新、改、扩建项目和在役装置的工艺危害分析。

第三条　HAZOP分析工作应以企业自主开展为主，技术机构支持为辅，鼓励全员参与。

第四条　本规定适用于中国石油天然气股份有限公司（以下简称股份公司）所属企业。

第二章　职 责 分 工

第五条　股份公司安全环保部负责HAZOP分析工作规章制度的制定、实施情况的指导、检查，以及与推广HAZOP分析相关的培训工作。

第六条　股份公司规划计划部负责落实新、改、扩建项目初步设计概算中的HAZOP分析经费。

第七条　股份公司人事部负责将HAZOP分析培训工作纳入公司培训计划。

第八条　专业分公司负责HAZOP分析方法应用的具体组织、指导和监督工作，并负责明确本专业范围内应开展HAZOP分析工作的具体范围和对象。

第九条　企业应分别明确负责新、改、扩建项目和在役装置HAZOP分析工作的主管部门，企业安全环保部门负责监督、检查。

第十条　股份公司安全环保技术研究院等内部技术机构对HAZOP分析工作提供技术支持和服务。

第三章　实 施 要 求

第十一条　企业应将新、改、扩建项目的HAZOP分析纳入设计管理，将在役装置的HAZOP分析纳入生产运行管理，并制定年度HAZOP分析工作计划，落实资金，专款专用。

第十二条　纳入工作计划的新、改、扩建项目的HAZOP分析应在初步设计完成之后、初步设计审查之前进行。详细设计发生较大变化时，应进行补充HAZOP分析。对于初步设计阶段未进行HAZOP分析工作的项目，不得进行初步设计审查。

第十三条　在役装置的HAZOP分析原则上每5年进行一次。装置发生与工艺有关的较大事故后应及时开展HAZOP分析。装置进行工艺变更之前，企业应根据实际情况开展HAZOP分析。

第十四条　项目委托方或建设单位应在新、改、扩建项目设计合同中明确要求设计单位参加HAZOP分析工作以及负责将HAZOP分析结果在设计中进行落实。

第十五条　HAZOP分析工作流程原则上包括：

（1）前期准备——组建HAZOP分析小组，资料准备，HAZOP分析方法培训。

（2）开展分析——确定分析范围，划分节点，描述设计意图，确定工艺偏差，分析后果和原因，评估风险等级，提出建议措施。

（3）编制报告——整理、汇总分析记录，形成HAZOP分析报告初稿。

（4）沟通交流——与相关方进行沟通和交流，说明HAZOP分析过程和建议措施的依据。

（5）评审——委托方组织对HAZOP分析报告进行评审。

（6）建议措施处理——委托方对建议措施逐项进行关闭处理。

第十六条　HAZOP分析小组主要包括组长（主持人）、记录员、专业技术人员等，小组成员可来自技术机构、项目委托方、设计单位、运行单位、建设单位、承包方等单位或部门。

第十七条　HAZOP分析结果应作为设计变更、隐患治理、员工培训、操作规程和应急预案制修订等工作的重要依据。

第十八条　股份公司建立HAZOP分析信息平台，实现信息共享。企业应充分利用信息平台开展HAZOP分析工作。

第四章　人员资格

第十九条　HAZOP分析师应具有5年及以上工艺、设备、仪表、HSE等技术、管理、现场操作或设计经验，并具有中级及以上技术职称。

第二十条　HAZOP分析师应经过统一培训，考核合格后，由股份公司安全环保部颁发培训合格证书。培训主要内容包括HAZOP分析方法、分析流程、案例练习及报告编制等。

第二十一条　HAZOP分析小组组长（主持人）应具有HAZOP分析师资格、2年及以上HAZOP分析工作经历。

第二十二条　对有下列行为之一的人员，不得参加HAZOP分析工作：

（一）在HAZOP分析工作中，泄露企业商业、技术秘密的；

（二）在HAZOP分析工作中，弄虚作假的；

（三）其他违反国家法律法规和股份公司规章制度的行为。

第五章　经费保障

第二十三条　新、改、扩建项目的HAZOP分析工作经费在项目建设经费中列支。炼化装置及配套工程的HAZOP分析经费以投资总额作为取费基数，按直线内插法计算，其

HAZOP 分析（包含安全完整性等级分析）经费列支标准如下：

——投资总额≤2 亿元的，按不超过 20 万元列支；

——2 亿元＜投资总额≤10 亿元的，按项目投资总额的 0.075%～0.1%列支；

——10 亿元＜投资总额≤20 亿元的，按项目投资总额的 0.05%～0.075%列支；

——投资总额＞20 亿元的，按不大于项目投资总额的 0.05%列支。

第二十四条 油气田等工程参照“炼化装置及配套工程经费标准”执行。长距离输气管道工程在“炼化装置及配套工程经费标准”基础上，下浮 20%。

第二十五条 在役装置的 HAZOP 分析工作经费在企业安全生产费用中列支，原则上标准如下：

——单套装置 P&ID 图数量≤20 张的，按不超过 20 万元列支；

——单套装置 P&ID 图数量＞20 张的，按 20 万元加上 P&ID 图 20 张以上部分每张 1 万元列支。

第二十六条 鼓励企业自主开展 HAZOP 分析工作。在技术和人员条件不具备时，企业可聘请专业技术机构开展 HAZOP 分析工作，具体分析费用由企业依据上述标准与技术机构协商确定。

第六章 奖 惩

第二十七条 企业开展 HAZOP 分析工作情况作为股份公司年度安全生产先进单位评比的重要条件。

第二十八条 企业应对通过 HAZOP 分析发现重大隐患的单位及人员及时给予奖励。

第二十九条 对有泄露企业商业、技术秘密，弄虚作假，分析报告有重大失误等行为的技术机构，取消其在股份公司内部开展 HAZOP 分析工作的资格，并追究相关责任。

第七章 附 则

第三十条 本规定由股份公司安全环保部负责解释。

第三十一条 企业根据本规定制定 HAZOP 分析工作实施细则。

第三十二条 本规定自发布之日起实行。

附录 3 危险与可操作性分析技术指南 (Q/SY 1364—2011)

(2011 年 5 月 1 日实施)

1 范围

本标准规定了危险与可操作性分析（Hazard and operability analysis，以下简称HAZOP）准备、程序及措施建议的跟踪等技术要求。

本标准适用于采油采气、油气集输、炼化生产、油气储运等具有流程性工艺特征的新、改、扩建项目和在役装置。

2 规范性引用文件

下列文件对于本文件的应用是必不可少的。凡是注日期的引用文件，仅注日期的版本适用于本文件。凡是不注日期的引用文件，其最新版本（包括所有的修改单）适用于本文件。

Q/SY 1362—2011 工艺危害分析管理规范

Q/SY 1363—2011 工艺安全信息管理规范

3 术语和定义

下列术语和定义适用于本标准。

3.1 危险与可操作性分析 hazard and operability analysis（简称 HAZOP）

在开展工艺危害分析工作中所运用到的，通过使用“引导词”分析工艺过程中偏离正常工况的各种情形，从而发现危害源和操作问题的一种系统性方法。

3.2 分析节点 node

代表系统某部分的本质特征的要素或组合。指具有确定边界的设备（如两容器之间的管线）单元，是为了便于进行 HAZOP 分析而将分析对象划分成的具体逻辑单元，是 HAZOP 分析的直接目标。

3.3 设计意图 design intent

工艺流程的设计思路、目的和设计运行状态或工作范围。

3.4 工艺参数 process characteristic

与工艺过程有关的物理和化学特性，是单元定性或定量的特征。

注：如温度、压力、相数及流量、反应、混合、浓度、pH 值等

3.5 引导词 guide word

定义一种特定的对工艺参数设计目的偏离的词或短语，用于引导识别工艺过程的危险。

注：如多、少、高、低、反向等。

3.6 偏差 deviation

与设计意图的偏离。

注：用引导词系统地对每个分析节点的工艺参数进行引导发现的偏离工艺指标的情况；偏差的形式通常是“工艺参数+引导词”组合。

3.7 原因 cause

引起发生偏差的因素。

注：可能是设备故障、人为失误、不可预料的工艺状态（如组成改变）、外界干扰（如电源故障）等。

3.8 后果 consequence

偏差所造成的结果。

3.9 风险 risk

某一特定危害事件发生的可能性与后果的组合。

[Q/SY 1002.1—2007 中的 3.29]

3.10 安全保护 safeguard

为防止各种偏差及由偏差造成的后果而设计的或当前装置已有的工程及管理措施。

注：如工艺报警、联锁、程序等。

3.11 建议措施 recommend action

在已有安全保护措施不足时，HAZOP 小组共同提出的需要进一步采取的对策或进一步研究的方向。

4 HAZOP 分析的准备

4.1 组建 HAZOP 分析小组

HAZOP 分析小组通常由下列人员组成，包括：

——主持人；

——记录员；
——工艺、设备、仪表、电气、HSE、操作等人员。

上述人员可来自项目委托方、设计单位、运行单位、技术机构或承包方等单位与部门，具体人员的组成视分析工作的需要进行确定。在分析过程中应尽量保证主要分析人员不发生变换。

分析小组人员职责

a）主持人的职责：

——进行 HAZOP 分析工作的准备；
——选择 HAZOP 分析小组人员；
——对 HAZOP 分析小组人员进行方法培训；
——主持 HAZOP 分析会议；
——编写 HAZOP 分析报告。

b）记录员的职责：

——协助主持人进行 HAZOP 分析工作的准备；
——参加 HAZOP 分析会议，并记录分析结果，确保分析内容的完整、准确；
——把记录拷贝分发给小组人员，供他们审核和发表意见；
——保管好记录表；
——协助主持人编写 HAZOP 分析报告。

c）其他人员的职责：

——接受 HAZOP 分析方法培训；
——熟悉分析对象的工艺安全信息；
——参加 HAZOP 会议，从各自专业的角度提出所有偏差产生的原因、导致的后果，评估风险，识别安全保护并提出建议措施；
——与小组全体人员就 HAZOP 分析结论达成一致意见。

4.2 资料准备

HAZOP 分析资料应满足 Q/SY 1363—2011《工艺安全信息管理规范》的要求。

4.2.1 新、改、扩建项目

对于新、改、扩建项目，开展 HAZOP 分析所需资料包括但不限于：

a）物料危害数据资料：

——所有物料的危险化学品安全技术说明书（MSDS）数据；
——可能产生的各种主要危害及对应的防护措施清单。

b）设备设计资料：

——设备的设计基础资料（包括设计依据、制造标准、设备结构图、安装图及操作维护手册或说明书等）；
——设备数据表（包括设计温度、设计压力、制造材质、壁厚、腐蚀余量等设计参数）；
——设备的平面布置图；

——管道系统图；

——安全阀和控制阀的计算书和相关文件；

——自控系统的联锁配置资料或相关的说明文件；

——安全设施资料（包括安全检测仪器、消防设施、防雷防静电设施、安全防护用具等的相关资料和文件）。

——其他相关资料。

c）工艺设计资料：

——装置的工艺流程图（Process Flow Diagram，简称：PFD图）；

——装置的工艺管道及仪表流程图（Piping and Instrument Diagram，简称：P&ID图）；

——装置的工艺流程说明和工艺技术路线的说明；

——对设计所依据的各项标准或引用资料的说明；

——装置的平面布置图；

——自控系统的联锁逻辑图及说明文件；

——紧急停车系统（Emergency Shutdown Device，简称：ESD）的因果示意图；

——爆炸危险区域划分图；

——消防系统的设计依据及说明；

——废弃物的处理说明；

——排污放空系统及公用工程系统的设计依据及说明；

——其他相关的工艺技术信息资料。

4.2.2 在役装置

对于在役装置，开展HAZOP分析所需要的资料，除了4.2.1列明的资料外，还需要以下资料：

——装置历次分析评价的报告；

——相关的技改、技措等变更记录和检维修记录；

——装置历次事故记录及调查报告；

——装置的现行操作规程和规章制度；

——其他的资料。

4.3 HAZOP分析方法培训

在HAZOP分析工作开始前，分析小组主持人应对小组人员进行HAZOP分析相关知识培训。培训内容包括：

——HAZOP分析原理和方法；

——分析对象的情况及工作范围；

——HAZOP分析工作计划；

——分析工作相关纪律和要求等。

5 HAZOP 分析程序

5.1 确定分析范围

HAZOP 分析工作开始之前，新、改、扩建项目委托方或在役装置委托方应与 HAZOP 分析小组主持人明确所要分析的项目或装置的物理界区范围以及边界工艺条件。

5.2 划分节点

节点的划分一般按工艺流程进行，主要考虑单元的目的与功能、单元的物料、合理的隔离/切断点、划分方法的一致性等因素。连续工艺一般可将主要设备作为单独节点，也可以根据工艺介质性质的情况划分节点，工艺介质主要性质保持一致的，可作为一个节点。HAZOP 分析节点范围一般由小组主持人在会前进行初步划分，具体分析时与分析小组成员讨论确定。

5.3 描述节点的设计意图

选择划分好的一个节点，将节点的序号及范围填写入记录表。由熟悉该节点的设计人员或装置工艺技术人员对该节点的设计意图进行描述，包括对工艺和设备设计参数、物料危险性、控制过程、理想工况等进行详细说明，确保小组中的每一个成员都知道设计意图，并将这些内容填入记录表“设计意图”一栏。

5.4 确定偏差

在 HAZOP 分析中可先以一个具体参数为基准，将所有的引导词与之相组合，逐一确定偏差进行分析；也可以一个具体引导词为基准，将所有参数与之相组合，逐一确定偏差进行分析，具体可见附录 A（引导词优先选择法）、附录 B（参数优先选择法）。本指南推荐参数优先法，但在实际分析中可根据实际情况选择分析。

在具体项目 HAZOP 分析过程中，偏差的选用由分析小组根据分析对象和目的确定。HAZOP 分析常见偏差示例见附录 C。

5.5 分析偏差导致的后果

分析小组对选定的偏差分析讨论它可能引起的后果，包括对人员、财产和环境的影响。讨论后果时不考虑任何已有的安全保护（如安全阀、联锁、报警、紧停按钮、放空等），以及相关的管理措施（如作业票制度、巡检等）情况下的最坏后果。讨论后果不应局限在本节点之内，而应同时考虑该偏差对整个系统的影响。

5.6 分析偏差产生的原因

对选定的偏差从工艺、设备、仪表、控制和操作等方面分析讨论其发生的所有原因，原则上应在本节点范围内列举原因。

5.7 列出现有的安全保护

在考虑现有的安全保护时，应从偏差原因的预防（如仪表和设备维护、静电接地等）、偏差的检测（如参数监测、报警、化验分析等）和后果的减轻（如联锁、安全阀、消防设施、应急预案等）三个方面进行识别。记录的安全保护必须现有并实际投用或执行的。

5.8 评估风险等级

评估后果的严重程度和发生的可能性，根据企业的风险矩阵，确定风险等级。风险矩阵示例参见附录D。

5.9 提出建议措施

分析小组根据确定的风险等级以及现有安全保护，决定是否提出建议措施，建议措施应得到整个小组成员的共同认可。

5.10 分析记录

分析记录是HAZOP分析的一个重要组成部分，也是后期编制分析报告的直接依据。小组记录员应将所有重要意见全部记录下来，并应当将记录内容及时与分析小组成员沟通，以避免遗漏和理解偏离。分析记录表示例见附录E。

5.11 循环上述分析过程

循环上述分析过程，直至该装置的所有节点的全部工艺参数的全部偏差都得到分析。循环的分析过程参见附录A和附录B，HAZOP分析示例参见附录G。

5.12 编制分析报告

HAZOP分析工作结束后，对分析记录结果进行整理、汇总，形成HAZOP分析报告初稿。HAZOP分析报告内容示例见附录F。

6 沟通和交流

在HAZOP分析结束后，分析小组应将HAZOP分析报告初稿提交委托方进行沟通和交流，向委托方说明整个HAZOP分析过程和所提出建议措施的依据，征询委托方方面的意见，并对HAZOP分析报告初稿进行进一步的修改、完善。

HAZOP分析报告作为工艺危害分析工作的成果之一，委托方应按照《工艺危害分析管理规范》（Q/SY 1362—2011）中的第4.10.4条沟通中的要求，将HAZOP分析报告的相关内容与受影响的所有人员进行沟通，必要时进行培训。

7 评审

HAZOP分析报告初稿修改完善后，项目委托方应组织HAZOP分析报告评审会，评审的主要内容包括：

——分析小组人员组成是否合理；

——分析所用技术资料的完整性和准确性；

——分析方法的应用是否正确，包括节点的划分、偏差的选用，形成偏差的原因分析、偏差导致的后果分析、现有安全保护的识别、风险分析和风险等级，以及建议措施的明确性与合理性等内容；

——分析报告的准确性和可理解程度。

8 建议措施的跟踪

委托方应对HAZOP分析报告中提出的建议措施进行进一步的评估，根据风险管理的最低合理可行原则和可接受风险要求，做出书面回复，对每条具体建议措施选择可采用完全接受、修改后接受或拒绝接受的形式。

8.1 出现以下条件之一，可以拒绝接受建议。

——建议所依据的资料是错误的；

——建议对于保护环境、保护员工和承包商的安全和健康不是必要的；

——另有更有效、更经济的方法可供选择；

——建议在技术上是不可行的。

8.2 如果采取另一种解决方案、或者改变建议预定完成日期、或者取消建议等，应形成文件并备案。

附　录　A
（资料性附录）
引导词优先选择法流程

引导词优先选择法流程见图 A.1。

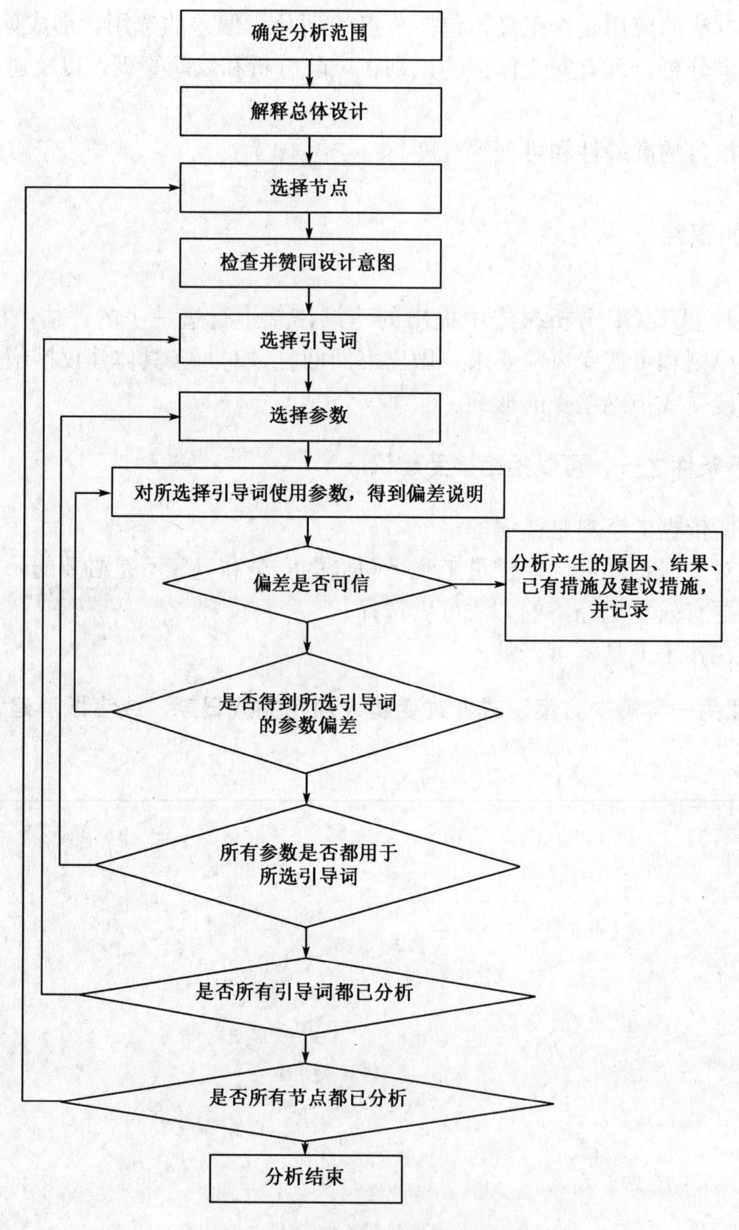

图 A.1　引导词优先选择法流程

附 录 B
(资料性附录)
参数优先选择法流程

参数优先选择法流程图见图 B.1。

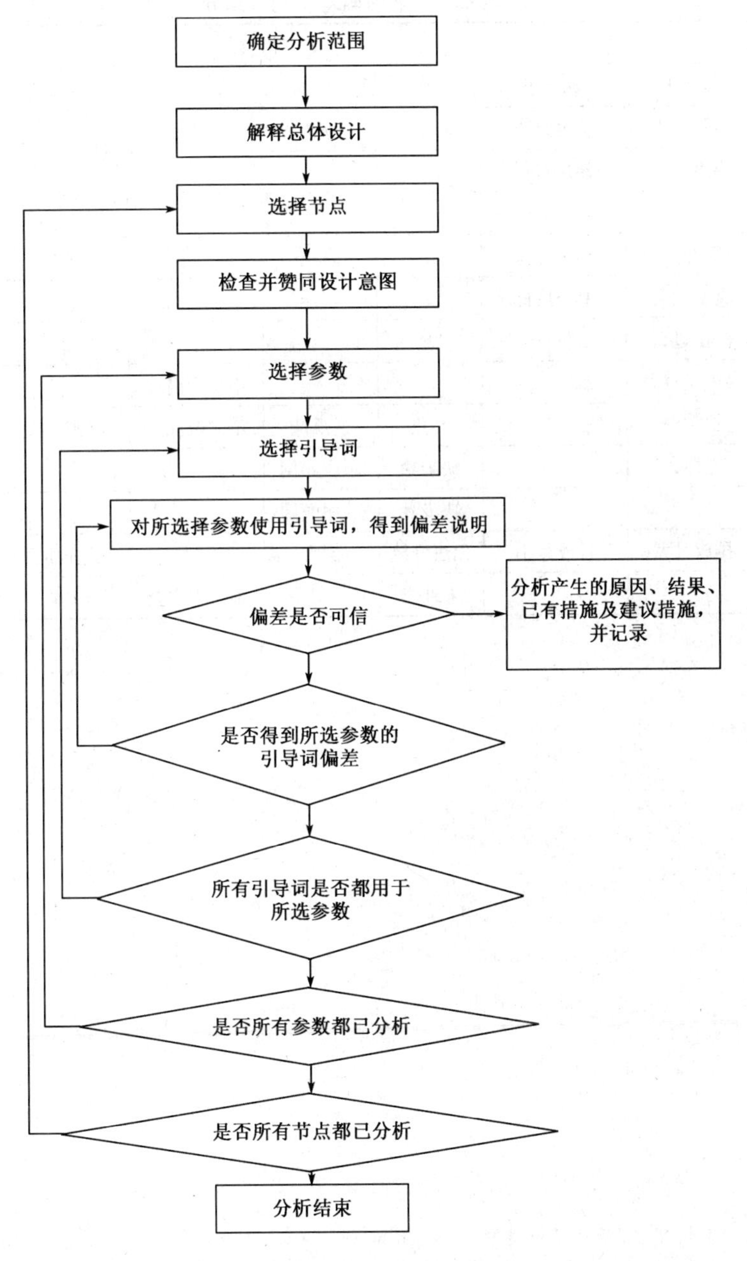

图 B.1 参数优先选择法流程图

附　录　C

（资料性附录）

常用偏差示例（部分）

常用偏差示例（部分）见表C.1。

表C.1　常用偏差示例（部分）

参　数	引导词						
	偏　大	偏　小	无	反　向	部　分	伴　随	异　常
流量	流量过大	流量过小	无流量	逆流	间歇性	杂质	错误物料
温度	温度过高	温度过低					
热量							
压力	压力过高	压力过低	无	真空			
真空度	真空度高	真空度低		正压			
液位	液位过高	液位过低	无				
腐蚀量	腐蚀量过大				不均匀腐蚀		
反应	过快、剧烈	过慢、活性低	终止	逆反应	不完全反应	副反应	催化剂中毒
时间	过长	过短	缺步骤	顺序颠倒			
开、停工			缺步骤	顺序颠倒			设备无法正常开停
泄放排放	排放过大	排放过小	无法排放	倒吸		排放介质异常	故障
维修			未维修		维修不完全		维修中出现意外

附 录 D

(资料性附录)

风险矩阵图示例

D.1 风险矩阵图见图 D.1。

D.2 风险等级划分标准见表 D.1。

D.3 风险概率分级见表 D.2。

D.4 事故后果严重程度分级见表 D.3。

事故发生概率等级						
	5	I 5	III 10	IV 15	IV 20	IV 25
	4	I 4	II 8	III 12	IV 16	IV 20
	3	I 3	II 6	II 9	III 12	IV 15
	2	I 2	I 4	II 6	II 8	III 10
	1	I 1	I 2	I 3	I 4	II 5
风险矩阵		1	2	3	4	5
		事故后果严重程度等级				

图 D.1 风险矩阵图

表 D.1 风险等级划分标准

风险等级	分值	描述	需要的行动	PHA 改进建议
Ⅳ级风险	15 至 25	严重风险（绝对不能容忍）	必须通过工程和/或管理上的专门措施，限期（不超过六个月内）把风险降低到级别Ⅱ或以下	需要并制定专门的管理方案予以削减
Ⅲ级风险	10 至 14	高度风险（难以容忍）	应当通过工程和/或管理上的控制措施，在一个具体的时间段（12 个月）内，把风险降低到级别Ⅱ或以下	需要并制定专门的管理方案予以削减
Ⅱ级风险	5 至 9	中度风险（在控制措施落实的条件下可以容忍）	具体依据成本情况采取措施。需要确认程序和控制措施已经落实，强调对它们的维护工作	个案评估。评估现有控制措施是否均有效
Ⅰ级风险	1 至 5	可以接受	不需要采取进一步措施降低风险	不需要，可适当考虑提高安全水平的机会（在工艺危害分析范围之外）

表 D.2 风险概率分级表

频率等级 L	硬件控制措施	软件控制措施	频率说明（F）/年
1	1. 两道或两道以上的被动防护系统，互相独立，可靠性较高。 2. 有完善的书面检测程序，进行全面的功能检查，效果好，故障少。 3. 熟悉掌握工艺，过程始终处于受控状态。 4. 稳定的工艺，了解和掌握潜在的危险源，建立完善的工艺和安全操作规程	1. 清晰、明确的操作指导，制定了要遵循的纪律，错误被指出并立刻得到更正，定期进行培训，内容包括正常、特殊操作和应急操作程序，包括了所有的意外情况。 2. 每个班组上都有多个经验丰富的操作工。理想的压力水平。所有员工都符合资格要求，员工爱岗敬业，清楚了解并重视危险源	现实中预期不会发生（在国内行业内没有先例）$<10^{-4}$
2	1. 两道或两道以上，其中至少有一道是被动和可靠的 。 2. 定期的检测，功能检查可能不完全，偶尔出现问题。 3. 过程异常不常出现，大部分异常的原因被弄清楚，处理措施有效。 4. 合理的变更，可能是新技术带有一些不确定性，高质量的PHA	1. 关键的操作指导正确、清晰，其他的则有些非致命的错误或缺点，定期开展检查和评审，员工熟悉程序。 2. 有一些无经验人员，但不会全在一个班组。偶尔的短暂的疲劳，有一些厌倦感。员工知道自己有资格做什么和自己能力不足的地方，对危险源有足够认识	预期不会发生，但在特殊情况下有可能发生（国内同行业有过先例）$10^{-3}\sim10^{-4}$
3	1. 一个或两个复杂的、主动的系统，有一定的可靠性，可能有共因失效的弱点。 2. 不经常检测，历史上经常出问题，检测未被有效执行。 3. 过程持续出现小的异常，对其原因没有全搞清楚或进行处理。较严重的过程（工艺、设施、操作过程）异常被标记出来并最终得到解决。 4. 频繁地变更或新技术应用。PHA不深入，质量一般，运行极限不确定	1. 存在操作指导，没有及时更新或进行评审，应急操作程序培训质量差。 2. 可能一班半数以上都是无经验人员，但不常发生。有时出现的短时期的班组群体疲劳，较强的厌倦感。员工不会主动思考，员工有时可能自以为是，不是每个员工都了解危险源	在某个特定装置的生命周期里不太可能发生，但有多个类似装置时，可能在其中的一个装置发生（集团公司内有过先例）$10^{-2}\sim10^{-3}$
4	1. 仅有一个简单的主动的系统，可靠性差。 2. 检测工作不明确，没检查过或没有受到正确对待。 3. 过程经常出现异常，很多从未得到解释。 4. 频繁地变更及新技术应用。进行的PHA不完全，质量较差，边运行边摸索	1. 对操作指导无认知，培训仅为口头传授，不正规的操作规程，过多的口头指示，没有固定成形的操作，无应急操作程序培训。 2. 员工周转较快，个别班组一半以上为无经验的员工。过度的加班，疲劳情况普遍，工作计划常常被打乱，士气低迷。工作由技术有缺陷的员工完成，岗位职责不清，员工对危险源有一些了解	在装置的生命周期内可能至少发生一次（预期中会发生）$10^{-1}\sim10^{-2}$
5	1. 无相关检测工作。 2. 过程经常出现异常，对产生的异常不采取任何措施。 3. 对于频繁地变更或新技术应用，不进行PHA	1. 对操作指导无认知，无相关的操作规程，未经批准进行操作。 2. 人员周转快，装置半数以上为无经验的人员。无工作计划，工作由非专业人员完成。员工普遍对危险源没有认识	在装置生命周期内经常发生$>10^{-1}$

表 D.3 事故后果严重程度分级表

等级	员工伤害	财产损失	环境影响
1	没有员工伤害或只有轻伤，但没有重伤和死亡	一次造成直接经济损失人民币不足50万元	事故影响仅限于生产区域内，没有对周边环境造成影响
2	造成重伤、急性工业中毒，但没有死亡	一次造成直接经济损失人民币50万元以上、100万元以下	因事故造成周边环境轻微污染，没有引起群体性事件
3	一次死亡1～2人，或者3～9人中毒（重伤）	一次造成直接经济损失人民币100万元以上、500万元以下	1. 因事故造成跨县级行政区域纠纷，引起一般群体性影响 2. 发生在环境敏感区的油品泄漏1t以下，以及在非环境敏感区油品泄漏10t以下，造成一般污染的事故
4	一次死亡3～9人，或者10～49人中毒（重伤）	一次造成直接经济损失人民币500万元以上、1000万元以下	1. 因事故造成跨地级行政区域纠纷，使得当地经济、社会活动受到影响。 2. 发生在环境敏感区的油品泄漏量1～10t,以及在非环境敏感区油品泄漏量10～100t，造成较大污染的事故
5	一次死亡10人以上，或者50人以上中毒（重伤）	一次造成直接经济损失人民币1000万元以上	1. 事故使得区域生态功能部分丧失或濒危物种生存环境受到污染。 2. 事故使得当地经济、社会活动受到严重影响，疏散群众1万元以上。 3. 因事故造成重要河流、湖泊、水库及海水域大面积污染，或县级以上城镇水源地取水中断。 4. 发生在环境敏感区的油品泄漏量超过10t，以及在非环境敏感区油品泄漏量超过100t，造成重大污染事故

附　录　E
（资料性附录）
分析记录表示例

危险与可操作性分析工作记录表（示例）见表E.1。

表E.1　危险与可操作性分析工作记录表（示例）

<table>
<tr><td colspan="3">节点序号</td><td colspan="3">节点描述</td><td colspan="6">设计意图</td></tr>
<tr><td colspan="3"></td><td colspan="3"></td><td colspan="6"></td></tr>
<tr><td colspan="4">图号</td><td colspan="2">会议日期</td><td colspan="6"></td></tr>
<tr><td colspan="4"></td><td colspan="2">参加人员</td><td colspan="6"></td></tr>
<tr><td rowspan="2">序号</td><td rowspan="2">参数/
引导词</td><td rowspan="2">偏差</td><td rowspan="2">原因</td><td rowspan="2">后果</td><td rowspan="2">已有
保护措施</td><td colspan="3">风险分析</td><td rowspan="2">建议
措施</td><td rowspan="2">责任
单位/人</td><td rowspan="2">备注</td></tr>
<tr><td>严重性</td><td>可能性</td><td>风险等级</td></tr>
<tr><td></td><td></td><td></td><td></td><td></td><td></td><td></td><td></td><td></td><td></td><td></td><td></td></tr>
<tr><td></td><td></td><td></td><td></td><td></td><td></td><td></td><td></td><td></td><td></td><td></td><td></td></tr>
</table>

附 录 F
(资料性附录)
HAZOP 分析报告内容示例

HAZOP 分析报告内容包括：

a）HAZOP 分析小组人员信息。

b）目录。

c）正文（至少包括以下内容）：

1）概述；

2）工艺描述；

3）技术资料；

4）风险标准说明；

5）节点信息；

6）方法及分析人员说明；

7）分析结论。

d）附件：分析记录表。

附 录 G
(资料性附录)
HAZOP 分析示例

本附录提供了对精制水系统的 HAZOP 分析示例。

G.1 精制水进料过程见图 G.1。

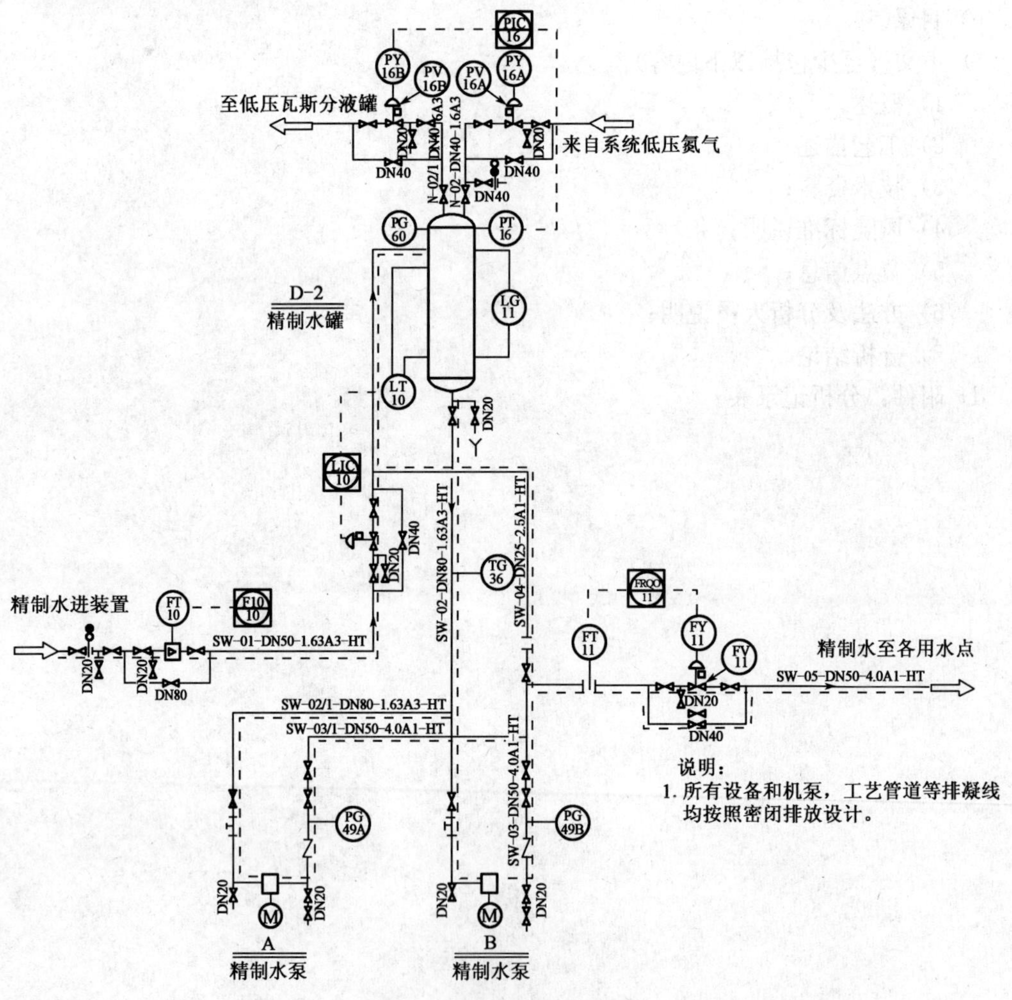

图 G.1 精制水进料过程图

G.2 工艺描述：界区外精制水以 40℃；2.2MPa，3～5t/h（最大）的工艺条件进入精制水罐 D-2（设计压力 0.1MPa，设计温度 45℃，最大操作压力为常压，最大操作温度 25℃），精制水罐 D-2 的液位由 LIC/LV10 控制，罐中的精制水经精制水泵 A/B 输送至各用水点。各用水点的用水总流量由 FRQC/FV11 控制。精制水罐的压力由 PIC16 分程控制PV16A/B，保持罐内的氮气封，系统低压氮气的压力为 0.6MPa。

G.3 HAZOP 分析记录见表 G.1。

表 G.1　HAZOP 分析记录表

节点序号	节点描述	设计意图
节点 XXXX	精制水系统：界区外精制水进入本装置精制水罐 D－2，D－2 罐中的精制水经精制水泵 A/B 输送至各用水点	界区外精制水以 40℃，2.2MPa，3～5t/h(最大)的工艺条件进入精制水罐 D－2(设计压力 0.1MPa，设计温度 45℃，最大操作压力为常压，最大操作温度 25℃)，精制水罐 D－2 的液位由 LIC/LV10 控制，罐中的精制水经精制水泵 A/B 输送至各用水点。各用水点的用水总流量由 FRQC/FV11 控制。精制水罐的压力由 PIC16 分程控制 PV16A/B，保持罐内的氮气封，系统低压氮气的压力为 0.6MPa

图号	会议日期	××××.××.××
××××—×—×/×	参加人员	××××、××××、××××、××××、××××、××××、××××

序号	参数/引导词	偏差	原因	后果	已有保护措施	风险分析			建议措施	责任单位/人	备注
						严重性	可能性	风险等级			
1	流量	过低/无	界外精制水供应中断	D－2 精制水罐无液位，精制水泵 A/B 抽空损坏，各精制水用户精制水中断	流量指示 FIQ10；LIC10 液位指示；FRQC11 流量指示	2	3	Ⅱ	1. 建议界外精制水进装置设置流量 FIQ9810 流量低报警	设计方	
			LIC/LV10 故障关	D－2 精制水罐无液位，精制水泵 A/B 抽空损坏，各精制水用户精制水中断	流量指示 FIQ10；FRQC11 流量指示	2	4	Ⅱ	2. 建议精制水罐 D－2 设置另一独立的液位指示和高低报警或液位高低报警开关	设计方	
			精制水泵 A/B 故障停	D－2 精制水罐满，精制水窜入低压瓦斯分液罐，造成精制水损失，严重情况下可能导致设备超压损坏，各精制水用户精制水中断	LIC/LV10，PIC/PV16	2	3	Ⅱ	3. 由于精制水供应压力为 2.2MPa，进料管线 $DN50$，压力泄放管径为 $DN40$，建议设计方重新考虑 D－2 的超压保护问题	设计方	
			FRQC/FV11 故障关	D－2 精制水罐满，精制水窜入低压瓦斯分液罐，造成精制水损失，严重情况下可能导致设备超压损坏，各精制水用户精制水中断	LIC/LV10，PIC/PV17	2	4	Ⅱ		设计方	

表 G.1(续)

序号	参数/引导词	偏差	原因	后果	已有保护措施	风险分析			建议措施	责任单位/人	备注
						严重性	可能性	风险等级			
1	流量/高、反向	过高	LIC/LV10 故障开	D-2精制水罐满，精制水窜入低压瓦斯分液罐，造成精制水损失，严重情况下可能导致设备超压损坏	PIC/PV16	2	4	Ⅱ	参考建议第2条和第3条		
		过高	FRQC/FV11 故障开	对各用户用水量不造成影响		1	4	Ⅰ	4. 由于精制水各用户的用水量由各自支线手阀控制，建议设计人员重新考虑FRQC/FV11的流量控制设计，及需要设计考虑提供各支线流量的指示	设计方	
		逆向流	精制水泵 A/B 故障停	可能导致各支线用户物料逆向互窜及逆向窜入D-2精制水罐，造成设备超压损坏，严重可能导致火灾爆炸	部分精制水支线设有一道止逆阀	3	3	Ⅱ	5. 建议设计人员重新考虑各支线精制水止逆阀的设置位置，以及在精制水用户总线上设置止逆阀保护	设计方	
2	压力/低或无	过低/无	界外精制水供应压力低	参考本节点流量低	LRC10 液位指示	2	3	Ⅱ	6. 建议在精制水进装置界区处设置远传DCS压力指示和低报警	设计方	
			PIC/PV16 故障	低压瓦斯分液罐内的可燃性气体逆向进入D-2，无其他方面影响		1	4	Ⅰ	7. 建议设计方考虑D-2的氮气排空气体直接在高点排向大气，勿与低压瓦斯分液罐相连	设计方	
			精制水泵 A/B 故障停	参考本节点流量低和逆向流		3	3	Ⅱ			

表 G.1(续)

序号	参数/引导词	偏差	原因	后果	已有保护措施	风险分析			建议措施	责任单位/人	备注
						严重性	可能性	风险等级			
2	压力/高	过高	界外精制水供应压力高	可能造成进装置精制水管线发生超压损坏		2	3	Ⅱ	8. 精制水进装置压力为2.2MPa,精制水进装置的管线为SW-01-FN50-1.63A3-HT,其设计压力为0.58MPa;SW-01-DN80-1.6A3-HT,建议设计方重新考虑管道设计压力	设计方	
			PIC/PV16 故障	可能造成D-2发生设备超压损坏,低压瓦斯分液罐内的可燃性气体逆向进入D-2罐,引起火灾爆炸		3	4	Ⅲ	9. 建议设计人员重新考虑D-2罐的压力控制系统。并参考建议第7条	设计方	
			FRQC/FV11 故障关	D-2精制水罐满,精制水窜入低压瓦斯分液罐,造成精制水损失,严重情况下可能导致设备超压损坏,各精制水用户精制水中断	LIC/LV10,PIC/PV16	2	4	Ⅱ	10. 需要向设计方确认精制水泵A/B的型式,按照GB 50160—2008中5.5.1的第3款的要求往复泵出口应设置安全阀保护	设计方	
3	温度/低或高	过低	环境温度低	造成精制水系统发生冻结,严重情况下会冻裂管线	设有伴热	2	3	Ⅱ	11. 建议对精制水系统管线加以伴热外,还需对低点排放进行伴热	设计方	
		过高	精制水进料温度高	可能会造成设备发生超温损坏		1	3	Ⅰ	12. 建议在精制水进装置界区处设置现场温度指示	设计方	
4	液位/低或高	过低/无	LRC/LV10 故障关	参考本节点流量低							
		过高	LRC/LV10 故障开	参考本节点流量高							
5	人为因素/异常	异常	精制水泵A/B出口手阀人为失误关	可能造成精制水泵A/B发生超压损坏		1	3	Ⅰ	13. 需要向设计方确认精制水泵A/B出口设置两道手阀的设计意图。参考建议第10条	设计方	